高等教育"十四五"部委级规划教材

无机化学实验(2版)

东华大学化学与化工学院无机化学教研室　编著

张琳萍　侯　煜　刘　燕　主编

东華大學出版社·上海

图书在版编目(CIP)数据

无机化学实验 / 张琳萍,侯煜,刘燕主编;东华大学化学与化工学院
无机化学教研室编著.—2版.—上海 :东华大学出版社,2022.9
ISBN 978-7-5669-2104-8

Ⅰ.①无… Ⅱ.①张…②侯…③刘…④东… Ⅲ.①无机化学—化学实验
Ⅳ.①O61-33

中国版本图书馆 CIP 数据核字(2022)第 147028 号

责任编辑:竺海娟
封面设计:魏依东

无机化学实验(2 版)

Wuji Huaxue Shiyan

张琳萍　侯　煜　刘　燕　主编
东华大学化学与化工学院无机化学教研室　编著

出　　　　版:东华大学出版社(上海市延安西路 1882 号 邮政编码:200051)
本 社 网 址:http://www.dhupress.edu.cn
天猫旗舰店:http://dhdx.tmall.com
营 销 中 心:021—62193056　62373056　62379558
印　　　　刷:上海锦良印刷厂有限公司
开　　　　本:787mm×1092mm 1/16
印　　　　张:11.25
字　　　　数:300 千字
版　　　　次:2022 年 9 月第 2 版
印　　　　次:2025 年 1 月第 2 次印刷
书　　　　号:ISBN 978-7-5669-2104-8
定　　　　价:45.00 元

前　言

　　无机化学实验是高等院校化学、应用化学及化学相关专业所开设的一门必修课程。无机化学实验的教与学是加强大学生基础知识、基本技能和基本操作的重要过程,是培养大学生的动手能力、创新意识、实证精神和优良科学素养的重要环节,同时也是大学新生的学习方法和思维能力实现转折和跨越的关键一步。

　　东华大学开设"无机、分析、有机和物化"四门化学实验课程已有多年历史,本教材是在《无机化学实验》教材的基础上经一线教师修改、补充、编写而成的。全书包括如下内容:

　　1.无机化学实验的基础知识与基本操作。本部分介绍了玻璃仪器的使用、试剂的取用和称量、固体的溶解、固液分离、蒸发、结晶等基本实验技能的训练,并对常用测量仪器的使用及实验结果的记录与分析处理等内容进行了介绍。

　　2.基本化学原理实验。本部分旨在通过实验加深学生对无机化学基本理论(化学热力学、化学动力学及酸碱平衡、沉淀溶解平衡、氧化还原平衡、配位平衡等)的理解、掌握和运用。

　　3.重要元素及其化合物性质实验。对常见元素的主要化合物的性质和变化规律进行学习、巩固和验证。

　　4.综合性实验。注重理论与实际的结合,在实验的过程中综合应用无机化学理论和化学实验的基本原理和操作技术。

　　本教材共收编了 24 个实验,在结构上按照"基础——综合——研究"三个层次进行建设,遵循夯实基础、加强综合、引入研究的思路,并按照经典实验与学科前沿实验内容相结合,常规实验技术与现代实验技术相结合的特点编写。在实验内容的安排上符合本科生的认知规律,由浅入深,由简至繁,让学有余力的学生可以充分发挥其潜力和兴趣,使学生的综合实践能力得到强化训练。

　　参加本教材编写工作的有杨常玲(实验 3、实验 7);梁凯(实验 8、实验 21);林苗(实验 15~17);邢彦军(实验 10~12、实验 22、实验 23);侯煜(实验 1、实验 2、实验 9、实验 18、实验 24);张琳萍(实验 4~6、实验 13、实验 14、实验 19、实验 20)。刘燕负责第一章、第二章和附录部分的录入和校正,最后由张琳萍、侯煜统稿。

　　本教材在编写过程中得到了赵曙辉教授的大力支持,在此表示衷心的感谢。限于编者水平,书中疏漏、错误之处在所难免,敬请有关专家和广大师生批评指正。

编者

2017 年于东华大学

目　录

绪　论

无机化学实验的目的

无机化学实验主要是让学生学习和掌握无机化合物（包括简单化合物和配合物）的合成与表征方法。它与《无机化学》理论课紧密结合，但又是一门独立的课程，是一门实践性很强的基础课程，涉及内容广泛，既能增强学生的实践动手能力，又能培养学生分析问题和解决问题的能力。

该课程的主要目的：

1. 通过实践，使学生巩固和加深对无机化学基本理论知识的理解。

2. 培养学生正确、熟练地掌握无机化学实验的基本操作技能，正确使用化学实验常用仪器，了解无机物的一般制备、分离和提纯的方法。

3. 培养学生正确地观察和描述实验现象，测定实验数据并加以科学地记录、处理、概括与分析，正确地表达实验结果并获得结论。

4. 培养学生学习使用有关的手册、文献资料及信息网络查阅相关的信息、公式和常数。

5. 培养学生具有一定的分析问题、解决问题的能力和创新能力。

6. 培养学生严谨的科学态度、科学的思维方法、良好的实验习惯、实事求是的工作作风，以及勇于探索的科学精神。

7. 培养学生的安全意识、规范操作意识和环保意识。

无机化学实验的学习方法

为了达到无机化学实验课程的教学目的，无机化学实验课通过设计不同的实验，让学生熟悉无机化合物的合成技术，在实验过程中通过运用数学、物理和化学的方法和手段解决无机化学的理论问题，同时获得与化学理论相关的实验结果与数据。更为主要的是，在实验过程中提高学生学习无机化学的兴趣。要学好无机化学实验课程需要有正确的学习方法，包括以下几个方面：

1. 认真预习

为使实验获得更好的效果，避免实验中"照方抓药"的不良现象，预习应达到下列要求：

①认真阅读实验教材、参考教材中的有关内容，对实验涉及的相关理论和研究领域进行充分的了解。

②通过预习，对实验原理、内容和过程有一个正确、全面的理解，明确本实验的目的和内容，对思考题进行分析、判断，做出正确的解答。

③掌握本实验的预备知识和实验关键，了解本实验的内容、步骤、操作和注意事项，能够有组织、有条理、有针对性地完成实验，对实验中可能出现的现象、问题及相应的解决办法有所准备。

④写好预习报告后，方能进行实验。若发现预习不够充分，应停止实验，熟悉实验内容后再进行实验。

⑤预习报告必须使用胶粘或装订笔记本，不能使用活页夹或者散页。

2. 认真实验

学生应遵守实验室规则，在实验老师的指导下完成实验，根据实验教材上所规定的方法、步骤和试剂用量来进行操作，并应做到下列几点：

①认真阅读和遵守"化学实验室安全守则"和"实验室安全承诺书"，养成良好的科学实验习惯，实验中保持肃静，注意保证人身安全和实验室安全，保持实验室的整洁卫生，节约药品，培养良好的科研素养和道德。

②认真、规范操作，细心观察，如实记录，不得抄袭他人数据。实验中测量的原始数据必须记录在预习报告本上，不得将数据记录在纸片或其他地方，不得伪造和涂改原始数据，不得使用铅笔进行记录。

③实验过程中应勤于思考，仔细分析，力争自己解决问题。

3. 认真书写实验报告

①严格地根据实验记录的原始数据，进行处理、计算和分析，对实验现象和结果进行讨论，得出相应的结论，按规范独立书写完成实验报告，及时交给指导教师审阅。

②书写报告应字迹端正，简单扼要，整洁清晰。实验报告潦草、马虎者，应重写；实验报告中抄袭他人的数据或是伪造数据者，实验成绩记为零分。

③实验报告应包括七部分内容：

（a）实验题目。

（b）实验目的（简要说明实验目的，应掌握的原理、方法和技能）。

（c）实验原理（主要原理和实验方程式）。

（d）实验步骤（使用简单明了的流程图、表格或者符号，清晰地表示实验内容和步骤）。

（e）实验数据记录和数据处理（学会使用 Excel 或者 Origin 作图或者以表格形式处理数据，清晰显示数据的变化规律，不得主观臆造或者抄袭）。

（f）在附录的实验报告模板中加上"实验结果与讨论"项，对实验数据和结果的可靠性与合理性进行分析和评价，认真分析导致实验异常或者误差的原因，并使用无机化学理论知识解释所观察到的实验现象。针对本实验中遇到的问题、实验方法和实验内容，认真思考并写出自己的意见、结论和收获。对实验可以改进的地方也可提出自己的见解。

（g）思考题（根据实验中相关现象和数据回答问题）。

4. 评分标准

实验成绩的评定不仅注重课程要求的全面性，还注重在实践过程中对学生实验操作和分析能力的考核。主要包括下列内容：对实验原理和基础知识的理解；实验操作的准确性；实验结果的正确性与精密度；实验结果的讨论；对实验设计的合理性和运用理论知识的综合性；书写预习报告和实验报告的情况。

实验报告格式示范

1. 制备实验示例

一、实验目的

二、实验原理

三、实验步骤（流程图）

四、实验结果

　　产品外观（颜色、形状、颗粒大小等）

　　产量：　　　　　　理论产量：　　　　　　产率：

　　表征数据：

　　产品纯度检验：

　　实验数据处理：

五、实验结果与讨论

六、思考题

2. 常数测定实验示例

一、实验目的

二、实验原理

三、实验步骤（流程图）

四、实验结果

　　原始实验数据：

　　实验数据处理：

　　误差分析：

五、实验结果与讨论

六、思考题

3. 性质实验示例

一、实验目的

二、实验内容

实验步骤	实验现象	实验原理（包括必要的方程式）
一、弱酸弱碱的解离 1. NaAc＋酚酞	对应左格中的反应，写出颜色变化、气体、沉淀生成、吸放热等	根据左边两格信息，写出 ①实验涉及的反应方程式 ②实验教材中提出的问题 ③相关基础理论
第一部分结论：		

三、思考题

4. 综合性实验示例

实验报告要求以科研小论文的形式书写。结合实验内容、教材、网络信息搜索相关内容，通过独立思考，按照以下模板格式，撰写完成（要求手写）。

一份完整的课程小论文应包括以下几方面：

①标题

标题应简短、明确、有概括性。通过标题使读者大致了解论文的内容、专业的特点和科学的范畴。标题字数要适当，一般不宜超过 20 字。

②论文摘要

摘要又称内容提要，它应以浓缩的形式概括论文的内容和观点，应能反映整篇论文内容的精华。中文摘要以 20～50 字为宜；要独立成文，选词用语要避免与全文尤其是前言和结论部分雷同；既要写得简短扼要，又要表明论文主要观点。

③关键词

关键词是从论文的题目、摘要和正文中选取出来的，是对表述论文的中心内容有实质意义的词汇。论文一般选取 3～8 个词汇作为关键词。

④正文

正文是作者对本实验的详细表述，是全文的主体，其内容包括：

a. 问题的提出（实验目的，为什么合成这一化合物？有什么意义？）；

b. 研究工作基础（谁最早做过？怎么合成的？）；

c. 基本概念（什么是配合物？）和理论基础（实验原理）；

d. 研究内容及其分析（如何合成？中间产物分别是什么？固体还是液体？什么颜色？等等）；

e. 实验研究得出的结论（得到什么颜色的产物？产量和产率分别是多少？化合物水溶液的最大吸收峰在什么位置？吸光度分别是多少？等等）；此处为实验报告要求，不宜涉及具体实验内容。

f. 讨论：将课后习题的答案穿插到实验结果的讨论与分析中。

⑤参考文献

参考文献是小论文不可缺少的组成部分，它反映小论文的取材来源、材料的广博程度和可靠程度。一份完整的参考文献也是向读者提供的一份有价值的信息资料。小论文的参考文献不必过多，一般只需列入 3～5 篇主要的中外文献。

钴(Ⅲ)氨氯配合物的制备及性质表征

×××

(学号×××××，××学院)

摘要：本文制备了两个钴(Ⅲ)氨氯络合物[CoCl(NH_3)_5]Cl_2 和[Co(NH_3)_6]Cl_3。使用电子光谱和电导法对其组成进行了表征，并对 Cl^- 和 NH_3 两种配体的分裂能大小进行了对比。

关键词：钴(Ⅲ)氨氯络合物 制备 分裂能 电子光谱 电导法

• 前言

三氯化六氨合钴(Ⅲ)的分子式为[Co(NH_3)_6]Cl_3，是一种典型的维尔纳配合物。该配合物是由一个[Co(NH_3)_6]^{3+} 阳离子和三个 Cl^- 组成的。

[Co(NH_3)_6]^{3+} 是反磁性的，低自旋的钴（Ⅲ）处于阳离子八面体的中心。由于阳离子符合 18 电子规则，因此被认为是一例典型的对配体交换反应呈惰性的金属配合物。作为其对配体交换反应呈惰性的一个体现，[Co(NH_3)_6]^{3+} 中的 NH_3 与中心原子 Co(Ⅲ)的配位很紧密，以至于 NH_3 不会在酸溶液中发生解离和质子化，使得[Co(NH_3)_6]Cl_3 可从浓盐酸中重结晶析出。与之相反的是，一些不稳定的金属氨络合物比如[Ni(NH_3)_6]Cl_2，Ni(Ⅱ)-NH_3 键的不稳定使[Ni(NH_3)_6]Cl_2 在酸中迅速分解。三氯化六氨合钴(Ⅲ)经加热后会失去部分氨分子配体，形成一种强氧化剂。

三氯化六氨合钴(Ⅲ)中的氯离子可被硝酸根、溴离子和碘离子等一系列其他的阴离子交换形成相应的[Co(NH_3)_6]Cl_3 衍生物。这些配合物呈亮黄色并显示出不同程度的水溶性。

……

• 实验部分

1. [Co(NH_3)_6]Cl_3 的制备

台秤称取 6 g NH_4Cl 并溶于 12 mL 水中，加热至沸（锥形瓶中）。称 9 g CoCl_2·6H_2O 于上述锥形瓶中，加热溶解，然后趁热倒入另一装有 5 g 活性炭的锥形瓶中。用水冷却含 Co 的锥形瓶并加入 20 mL 浓氨水，进一步用冰水冷却到 10 ℃ 以下。慢慢加入 8 mL 30％H_2O_2，在水浴上加热到 60 ℃，恒温 20 min。冷却，抽滤，若抽滤瓶或锥形瓶中有沉淀则用母液全部转移到漏斗中。将 6 mL 1:1 的 HCl 加入到 75 mL 水中，加热至沸，将上述沉淀溶于其中，趁热过滤。滤液中慢慢加入 20 mL 1:1 的 HCl，即有大量桔黄色晶体析出。冰水冷却，抽滤，并用少量无水乙醇洗晶体，再抽干，转移至称量瓶中，于烘箱中（105 ℃）干燥 2 h，然后转移至干燥器中保存。

……

• 结果与讨论

$E^{\theta}_{Co^{3+}/Co^{2+}} = 1.84\ V$，$E^{\theta}_{Co(NH_3)_6^{3+}/Co(NH_3)_6^{2+}} = 0.1\ V$ 所以，通常情况下，稳定性：Co^{3+} >

Co^{2+}，而 $Co(NH_3)_6^{3+} > Co(NH_3)_6^{2+}$。

$$2CoCl_2 + 2NH_4Cl + 10NH_3 + H_2O_2 \xrightarrow{\text{活性炭}} 2[Co(NH_3)_6]Cl_3 + 2H_2O$$

其中活性炭为催化剂，H_2O_2 为氧化剂。

合成制备得到：$W_{[Co(NH_3)_6]Cl_3} = 6.2$ g，产率为 70%。

使用分光光度计测定了 $[Co(NH_3)_6]Cl_3$ 水溶液的电子光谱，出现了两个最大吸收峰：

1）350 nm，ABS 为 0.998。

2）520 nm，ABS 为 0.899。

因此，根据分裂能与波长的关系，可以计算得到 Δ。

化学实验室安全守则

1. 熟悉实验环境，了解与安全有关的设施（如水、电、煤气的总开关，消防用品、急救箱等）位置和使用方法。

2. 用完煤气灯、电炉等加热设备，应立即关闭，拔下插头。

3. 使用电器设备时，不要用湿手接触插头，以防触电。

4. 容易产生有毒气体及挥发性、刺激性毒物的实验应在通风橱内进行。

5. 使用有毒试剂时，应严防进入口内或接触伤口，实验后废液应回收，集中统一处理。

6. 用试管加热液体时，试管口不准对着自己或他人；不能俯视正在加热的液体，以免溅出的液体烫伤眼、脸；闻气体的气味时，鼻子不能直接对着瓶（管）口，而应用手把少量的气体扇向自己的鼻孔。

7. 浓酸、浓碱具有强腐蚀性，使用时不要溅在皮肤或衣服上，更应注意保护眼睛，稀释时（特别是浓硫酸），应在不断搅动下将它们慢慢倒入水中，而不能相反进行，以免迸溅。

8. 不允许将各种化学药品随意混合，以防发生意外；自行设计的实验，需和老师讨论后方可进行。

9. 加热后的坩埚、蒸发皿应放在石棉网或石棉板上，不能直接放在台面上，更不能与湿物接触，以防炸裂。

10. 实验室内严禁饮食、吸烟、嬉戏打闹、大声喧哗。实验完毕应将双手洗净。

11. 实验过程中随时注意保持实验室的安静和整洁，纸屑、pH 试纸等放入废物桶内，不得随意丢在水池、地上或实验台上。

12. 实验后的废弃物，如废纸、火柴梗等固体物应放入废物桶（箱）内，不要丢入水槽内，以防堵塞。碎玻璃、有毒有腐蚀的试剂瓶和其他有棱角的锐利废料，不能丢进废纸篓内，要收集于特殊废品箱内处理。废液小心倒入专用废液桶中。

13. 实验完毕，清洗用过的玻璃仪器、公共仪器，并将试剂放回原处，把实验台和试剂架整理干净，经老师同意后方可离开实验室。

14. 实验结束后值日生负责对整个实验室进行清扫，检查并关闭水、电、煤气的总阀门以及门窗。

化学实验室意外事故处理

1. 玻璃割伤：若伤口内有异物应先取出，清洗干净，然后涂上红药水并用纱布包扎。伤势较重时，包扎后立即送医院治疗。

2. 烫伤：一旦被火焰、蒸汽、红热玻璃、陶器、铁器等烫伤，轻者可用10％高锰酸钾溶液擦洗伤处，撒上消炎粉，烫伤处涂烫伤膏，重者需送医院救治。

3. 被强酸灼伤：先用大量水冲洗，再用饱和碳酸氢钠溶液或稀氨水冲洗，最后再用水冲洗。酸液溅入眼睛时，先用大量水冲洗，再用1％碳酸氢钠溶液洗，最后用蒸馏水或去离子水洗，必要时送医院治疗。

4. 被强碱灼伤：先用大量水冲洗，再用1％硼酸或2％醋酸溶液冲洗，最后用水冲洗后敷上硼酸软膏。碱液溅入眼睛时，先用大量水冲洗，再用1％硼酸溶液洗眼，最后用蒸馏水或去离子水洗，必要时送医院治疗。

5. 触电：一旦遇到有人触电，应立即切断电源，尽快用绝缘物（如竹竿、干木棒等）将触电者与电源隔开，切不可用手去拉触电者。在必要时可进行人工呼吸。

6. 火灾：如果不慎起火，要立即灭火，并采取措施防止火势蔓延（如切断电源、移走易燃药品等）。灭火要根据起因选用合适的方法。一般的小火可用湿布、石棉布或沙子覆盖燃烧物；火势大时可使用泡沫灭火器；电器设备所引起的火灾，只能使用四氯化碳灭火器灭火，不能使用泡沫灭火器，以免触电；实验人员衣服着火时，切勿惊慌乱跑，应赶快脱下衣服，或用石棉布覆盖着火处（就地卧倒打滚，也可起到灭火作用）。

无机化学实验室"三废"的处理

化学实验会产生各种有毒的废气、废液和废渣，若处理不当，不仅会污染环境，造成公害，而且其中贵重和有用的成分没能回收，在经济上也有损失，因此，必须对"三废"进行处理。

1. 废气

对少量的有毒气体可通过通风设备（通风橱或通风管道）经稀释后排至室外，通风管道应有一定的高度，使排出的气体易被空气稀释。对于含氮、硫、磷等酸性氧化物气体，应用导管通入碱液中，使其被吸收后再处理。

2. 废液

可根据废液的化学特性选择合适的容器和存放地点，密闭存放，防止挥发性气体逸出而污染环境。储存时间不宜太长，储存数量也不宜太多，存放地应通风良好。废酸、废碱液通过酸碱中和后再进一步处理。

① 含镉废液：加入消石灰等碱性试剂，使所含金属离子形成氢氧化物沉淀而除去，或加入 FeS 使 Cd^{2+} 转化为 CdS 沉淀除去。

②含铬(Ⅵ)废液：Cr(Ⅵ)有毒且能致癌。含铬(Ⅵ)废液的处理方法大致分为两类：其一为化学还原法，先向废液中加入铁粉（或 $FeSO_4$、Na_2SO_3）等还原性试剂，使其还原

为 Cr(III)后，再用 NaOH（或 NaHCO$_3$）等碱性试剂调节 pH 为 6～8，最后通入空气并加热使 Cr(III)生成 Cr(OH)$_3$ 沉淀除去；其二为离子交换法，此法适用于含 Cr(VI)浓度较高的废水处理，使废水通过强酸型阳离子交换柱和强碱型阴离子交换柱，前者除去阳离子，后者除去 HCrO$_4^-$ 等阴离子。

③含氰化物废液：氰化物是剧毒物质，含氰废液必须认真处理。常用的处理方法有两种：其一是氯碱法，即将废液用 NaOH 调节 pH 至 10 以上，通入氯气或加入次氯酸钠，使氰化物分解成 CO$_2$ 和 N$_2$ 而除去；其二是电解法，以石墨作阳极、不锈钢作阴极，通上低于 10 V 的直流电，使氰根（CN$^-$）在阳极以 CO$_2$ 和 N$_2$ 逸出，含氰废液中的重金属离子也会在阴极沉淀，这种处理方法成本较高。

④含汞及其化合物废液：一般使用离子交换法，此法不适用于含少量汞液。含少量汞液一般使用硫化法。先调节 pH 至 8～10，再加入适量 Na$_2$S（或 FeS），使其生成难溶的 HgS 而除去。

⑤含铅盐及重金属的废液：一般是在废液中加入 Na$_2$S（或 NaOH）使铅盐及重金属离子生成难溶的硫化物（或氢氧化物）沉淀除去。

⑥含砷废液：其一，在废液中加入 FeSO$_4$，然后再用 NaOH 调节 pH 至 9 左右，此时生成的 Fe(OH)$_3$ 比表面积较大，砷化合物会被吸附在其表面而共沉淀出来，经过滤除去；其二，加入 H$_2$S 或 Na$_2$S，使其生成硫化物沉淀而除去。

3. 废渣

实验室产生的有害固体废渣虽然不多，但是决不能将其与生活垃圾混倒。固体废弃物经回收、提取有害物质后，其残渣可以进行土地填埋。被填埋的废弃物应是惰性物质或能被微生物分解的物质。填埋场应远离水源，场地底土不透水，不能渗入到地下水层。

安全承诺书

为了保障学生个人和实验室的安全，学生进入实验室之前，须仔细阅读并签订《学生实验安全承诺》：

1. 做实验前，根据所做实验的安全要求做好必要的准备和充分的预习，在得到教师允许的情况下进入实验室，开始实验；

2. 进入实验室要穿实验服、戴护目镜，不穿短裤、裙子、高跟鞋、拖鞋、凉鞋等进入实验室；女生若头发长，需扎起来，不可长发披肩做实验；

3. 在实验室内不吸烟、不饮食、不接听手机、不大声喧哗及追逐打闹，不随意离开实验室；

4. 实验时思想集中，按照实验步骤认真操作，认真记录实验现象，未经允许，不随意改动实验操作前后次序；

5. 严格按照要求取用各种化学试剂，不浪费化学试剂，按规定回收或将废弃物倒入指定容器，不得将实验室内物品带出实验室；

6. 严格遵从指导老师对危险化学品的使用操作要求，未经许可，不随意更改；

7. 爱护实验仪器设备，严格按照使用说明操作仪器；除指定使用的仪器外，不随意乱动其他设备，实验用品不挪作他用；

8. 实验结束后，清洗所使用的仪器，清理桌面，打扫卫生，关闭水、电、煤气的总阀门以及门窗，经指导教师检查认可后，再离开实验室。

学生姓名		学号	
所在学院		班级	
课程名称			
实验时间	_____至_____学年 第_____学期 星期_____上午/下午		

本人已认真阅读了以上条款，并承诺履行。若因违背上述承诺造成意外人身伤害事故，后果本人自负。

学生签名：

时间： 年 月 日

第一章　基本知识和基本操作

第一节　无机化学实验常用仪器

化学实验中常用的基本仪器的介绍见表1—1。

表1—1　化学实验基本仪器介绍

仪器	规格	用途	注意事项
 试管　　离心试管	玻璃质，分硬质和软质，有普通试管和离心试管。普通试管以外径×长度表示，单位mm，如15 mm×150 mm、10 mm×100 mm等，离心试管以容积（mL）表示，有5 mL、10 mL、15 mL等规格	普通试管用作少量试剂的反应容器，便于操作和观察。也可用于少量气体的收集； 离心试管主要用于少量沉淀与溶液的分离	普通试管可直接用火加热，硬质试管可加热到高温，加热时要用试管夹夹持，加热后不能骤冷；反应试液一般不能超过试管容积的1/2，加热时不能超过试管容积1/3；加热液体时管口不要对人；离心试管不可直接加热
 烧杯	玻璃质，分硬质和软质，有普通型和高型，有刻度和无刻度之分；规格以容积（mL）表示	用作反应物量较多时的反应容器，反应物易混合均匀；也可用作配制溶液时的容器或简易水浴的盛水器	加热时外壁不能有水；应置于石棉网上加热，使受热均匀；刚加热后不能直接置于桌面上，应垫以石棉网
 试管架	有木质、铝质和塑料质等，有大小不同、形状各异的多种规格	盛放试管用	加热后的试管应用试管夹夹住悬放架上
 试管夹	由木质和粗钢丝制成	夹持试管	防止烧损或锈蚀

仪器	规格	用途	注意事项
试管刷	用动物毛（或化学纤维）和铁丝制成，以大小和用途表示，如试管刷、滴定管刷等	洗刷玻璃仪器用	使用前检查顶部竖毛是否完整；小心刷子顶端的铁丝撞破玻璃仪器
锥形瓶	玻璃质；规格以容积（mL）表示，常见的有 125 mL、250 mL、500 mL 等	反应容器，振荡方便，适用于滴定操作	加热时外壁不能有水；应置于石棉网上加热，使受热均匀；刚加热后不能直接置于桌面上，应垫以石棉网
圆底烧瓶　平底烧瓶	玻璃质；规格以容积（mL）表示，常见的有 50 mL、100 mL、250 mL、500 mL 等	反应物多且需长时间加热时，常用它作反应容器，受热面积大，耐压大	盛放液体的量不能超过烧瓶容量的 2/3，也不能太少；固定在铁架台上，下垫石棉网再加热；圆底烧瓶放在桌面上时，下面要垫木环以防滚动而被打破
蒸馏烧瓶	玻璃质；规格以容积（mL）表示，常见的有 50 mL、100 mL、250 mL、500 mL 等	用于液体蒸馏，也可用作少量气体的发生装置	盛放液体的量不能超过烧瓶容量的 2/3，也不能太少；固定在铁架台上，下垫石棉网再加热；放在桌面上时，下面要垫木环以防滚动而被打破
带铁圈的铁架台	铁制品	用于固定或放置反应器，铁环还可以代替漏斗架使用	使用前检查各旋钮是否旋紧；使用时仪器的重心应处于铁架台底盘中部
漏斗　长颈漏斗	玻璃质，分长颈、短颈；规格按斗颈长短（mm）分，有 30 mm、40 mm、60 mm、100 mm 等，此外还有铜质热漏斗专用于热过滤	用于过滤操作以及倾注液体；长颈漏斗特别适用于定量分析中的过滤操作	不可直接加热；过滤时漏斗颈尖端必须紧靠承接滤液的容器壁；长颈漏斗作加液时漏斗颈应插入液面内
漏斗架	木质，有螺丝可固定于铁架台或木架上	用于过滤时支撑漏斗	活动的有孔板不能倒放

仪器	规格	用途	注意事项
容量瓶	玻璃质；规格以刻度以下的容积（mL）表示，有10 mL、25 mL、50 mL、100 mL、250 mL、500 mL、1000 mL等；瓶塞有磨口的，还有塑料的	配制一定体积准确浓度的溶液	溶质先在烧杯内全部溶解，然后移入容量瓶，不能加热，不能代替试剂瓶来存放溶液；不能用毛刷洗涤；磨口瓶塞是配套的，不能互换
酸式滴定管　碱式滴定管	玻璃质；规格以容积（mL）表示；有酸式、碱式之分；酸式下端以玻璃旋塞控制流出液速度，碱式下端连接里面装有玻璃球的乳胶管来控制流液量	用于滴定，或用于量取较准确体积的液体	不能加热及量取热的液体；不能用毛刷洗涤内管壁；使用前应排除其尖端气泡并检漏；酸、碱式不能互换使用；酸管与酸管的玻璃旋塞配套使用，不能互换
量筒	玻璃质，规格：刻度按容量（mL），有5 mL、10 mL、20 mL、25 mL、50 mL、100 mL、250 mL等	用于量取一定体积的液体	读数时，应放在水平桌面上，视线与液面水平，读取与凹面底相切的刻度；不可加热，不可做实验（如溶解、稀释等）容器；不可量热的液体
移液管　吸量管	玻璃质，移液管为单刻度；吸量管有刻度；规格以刻度最大标度（mL）表示，有5 mL、10 mL、25 mL等，小量的有0.5 mL、1 mL、2 mL等；此外还有自动移液管	移液管用于精确移取一定体积的液体	将液体吸入，液面超过刻度，再用食指按住管口，轻轻转动放气，使液面降至刻度后，用食指按住管口，移往指定容器上，放开食指，使液体注入；用时先用少量所移取液润洗3次；一般吸管残留的最后一滴液体，不要吹出
表面皿	玻璃质，规格按口径（mm）分，有45 mm、65 mm、75 mm、90 mm等	盖在烧杯上，防止液体迸溅或其他用途	不能用火直接加热
蒸发皿	瓷质，也有用玻璃、石英、金属制成；规格以口径（mm）或容积（mL）表示	蒸发浓缩液体用；随液体性质不同可选用不同质地的蒸发皿	能耐高温，但不宜骤冷；溶液不能超过蒸发皿容积的2/3；蒸发溶液时一般放在石棉网上，也可直接用火加热
点滴板	瓷质或透明玻璃质；分白釉和黑釉两种；按凹穴多少分四穴、六穴和十二穴等；点滴板每个凹穴容积为1 mL	用作同时进行多个不需分离的少量沉淀反应的容器；根据生成沉淀以及反应溶液的颜色选用黑、白或透明点滴板	不能加热；不能用于含氢氟酸溶液和浓碱液的反应，用后要洗净

仪器	规格	用途	注意事项
称量瓶	玻璃质，分高型和矮型；规格以外径（mm）×瓶高（mm）表示	准确称量一定量的固体样品用	不能直接用火加热；盖子是磨口配套的，不得丢失或弄混；不用时应洗净，在磨口处垫上纸条
坩埚	用瓷、石英、铁、镍、铂及玛瑙等制成；规格以容积（mL）表示	加热、灼烧固体用；随固体性质不同选用不同质地的坩埚	放在泥三角上直接灼烧至高温；加热或反应完毕后用坩埚钳取下时，坩埚钳应预热，取下后应放置在石棉网上
坩埚钳	金属（铁、铜）制品；有长短不一的各种规格，习惯上以长度（cm）表示	夹持坩埚加热或往热源（煤气灯、电炉、马弗炉）中取、放坩埚，亦可用于夹取热的蒸发皿，也可夹镁条等燃烧	使用前钳尖应预热；用后应钳尖向上放在实验台上（如温度很高，则应放在石棉网上）；防止与酸性溶液接触，以免生锈，轴不灵活
石棉网	由细铁丝编成，中间涂有石棉；规格以铁网边长（cm）表示，如 16 cm×16 cm、23 cm×23 cm 等	石棉是不良导体，放在受热仪器和热源之间，使受热均匀缓和，不致造成局部高温	用前检查石棉是否完好，石棉脱落的不能使用；不能和水接触；不可卷折
药勺	用牛角、瓷、不锈钢和塑料等制成；有长、短各种规格	用来取固体药品；视所取药量的多少选用药勺	不能用以取用灼热的药品；用后应洗净擦干备用
研钵	用瓷、玻璃、玛瑙或金属制成；规格以口径（mm）表示	用于研磨固体物质及固体物质的混合；按固体物质的性质和硬度选用不同的研钵	不能用火直接加热；研磨时不能捣碎，只能碾压；易爆物质只能轻轻压碎，不能研磨
干燥器	玻璃质；分普通干燥器和真空干燥器；规格以外径（mm）大小表示	内放干燥剂，可保存样品或干燥产物	防止盖子滑动打碎，在磨口处涂少量凡士林；灼烧过的样品稍冷后才能放入，并在冷却过程中要每隔一定时间打开盖子，以调节容器内气压
洗瓶	塑料质；容量一般为 500 mL	盛装蒸馏水或去离子水；洗涤结晶或沉淀物，或冲洗器皿	不能漏气

仪器	规格	用途	注意事项
滴瓶 细口瓶 广口瓶	玻璃质；带磨口塞或滴管，有无色或棕色，规格以容积（mL）大小表示	滴瓶、细口瓶用以存放液体药品；广口瓶用于存放固体药品	不能直接加热；瓶塞配套，不能互换；存放碱液时要用橡胶塞，以防打不开
布氏漏斗 吸滤瓶	布氏漏斗为瓷质，规格以口径（mm）大小表示；吸滤瓶为玻璃质，以容积（mL）大小表示	两者配套用于无机制备中晶体或沉淀的减压过滤，利用水泵或真空泵降低吸滤瓶中的压力而加速过滤	滤纸要略小于漏斗内径才能贴紧；要先将泵与吸滤瓶分开再停泵，以防滤液回流；不能用火直接加热

第二节　玻璃仪器的洗涤

在化学实验中，盛放反应物质的玻璃仪器经过化学反应后，往往有残留物附着在仪器的内壁上，一些经过高温加热或放置反应物质时间较长的玻璃仪器，更不易洗净。使用不干净的仪器，会影响实验结果的准确性，甚至让实验者观察到错误现象，归纳、推理出错误结论。因此，化学实验使用的玻璃仪器必须洗涤干净。洗涤仪器的方法很多，应根据实验的要求、污物性质和沾污程度来选择。一般来说，附着在仪器上的污物既有可溶性物质，也有尘土和其他不溶性物质，还有有机物质和油污等。下面介绍几种常用的洗涤方法：

一、水洗

借助于毛刷等工具用水洗涤，既可使可溶物溶去，又可使附着在仪器壁面上不牢固的灰尘及不溶物脱落下来，但洗不掉油污等有机物质。洗涤方法：在待洗的仪器中加入少量水，用毛刷轻轻刷洗，再用自来水冲洗几次。注意刷洗时不能用秃顶的毛刷，也不能用力过猛，否则会戳破仪器。

二、洗涤剂洗

最常用的洗涤剂是肥皂、肥皂液、洗衣粉、去污粉等。肥皂、肥皂液、洗衣粉、去污粉用于可以用刷子直接刷洗的仪器，如烧杯、三角瓶、试剂瓶等；洗涤方法：先用自来水冲洗一遍仪器，再选用大小合适的毛刷蘸取洗涤剂刷洗或浸入洗涤剂溶液内。将器皿内外，特别是内壁，细心刷洗，待仪器的内外器壁都经过仔细的擦洗后，再用自来水冲洗掉仪器内外的洗涤剂。最后，用蒸馏水冲洗仪器内壁三次，把自来水中带来的钙、镁、铁、氯等离子洗去，这样洗出来的仪器的器壁就干净了，把仪器倒置时就会观察到仪器内壁上的水可以完全流尽而没有水珠附着在器壁上。

三、铬酸洗液洗

铬酸洗液的配制方法：将 50 g 固体重铬酸钾溶于 1 L 浓硫酸中即可。洗液多用于不便用刷子洗刷的仪器，如滴定管、移液管及容量瓶等特殊形状的仪器，也用于洗涤长久不用的杯皿器具和刷子刷不下的结垢。使用洗液洗涤前，应尽量把容器内的水去掉，以防把洗液稀释；洗涤时，往仪器内加入少量洗液，使仪器倾斜并慢慢转动，让仪器内壁全部被洗液浸润，再转动仪器，使洗液在内壁流动，经流动几圈后，把洗液倒回原瓶内，然后用自来水把仪器壁上残留的洗液洗去。对沾污严重的仪器可用洗液浸泡一段时间，或用热的洗液洗，效果更好。洗液具有很强的腐蚀性，会灼伤皮肤和损坏衣服，使用时必须戴橡胶手套和防护眼镜，以免洗液溅入眼睛内。用洗液洗涤仪器，是利用洗液本身与污物起化学反应的作用，将污物去除。铬（Ⅵ）的化合物有毒，清洗残留在仪器上的洗液时，第一、二遍的洗涤水不要倒入下水道，以免锈蚀管道和污染环境，应回收处理，少量废洗液可加入废碱液或生石灰使其生成 $Cr(OH)_3$ 沉淀，将此废渣交给专门的废物处理公司处理，防止铬污染环境。

四、特殊物质的去除

对于某些用通常洗涤方法不能除去的污物，可利用化学反应将其转化为可溶性物质后再洗涤除去。例如，久盛石灰水的容器内壁有白色附着物，选用稀盐酸作洗涤剂；做碘升华实验时，盛放碘的容器底部附结了紫黑色的碘，用碘化钾溶液或酒精浸洗；久盛高锰酸钾溶液的容器壁上有黑褐色二氧化锰，可选用浓盐酸作洗涤剂；仪器的内壁附有银镜，选用稀硝酸作洗涤剂，必要时可加热，以促进溶解；铁盐引起的黄色污物可加入稀盐酸或稀硝酸溶液洗去；由金属硫化物沾污的颜色可用硝酸除去；容器壁沾有硫磺可与氢氧化钠溶液一起加热除去。上述处理后的仪器，均需用水淋洗干净。

第三节　化学试剂的纯度和取用

一、化学试剂的纯度

化学试剂根据纯度的不同分为不同的规格，目前常用的试剂一般分为四个级别，详见表1－2。

表1－2　化学试剂的纯度分级和适用范围

级别	名称	代号	试剂瓶标签颜色	适用范围
一级	优级纯	GR	绿色	痕量分析、精密分析和科学研究
二级	分析纯	AR	红色	一般定性分析、定量分析和科学研究
三级	化学纯	CP	蓝色	一般的化学合成和实验教学
四级	实验试剂	LR	棕色或其他颜色	化学实验辅助试剂

除了上述一般试剂外，还有一些特殊要求的试剂，如指示剂、生化试剂和超纯试剂（如电子纯、光谱纯、色谱纯）等，这些都会在试剂瓶标签上注明，使用时请注意选择。

二、化学试剂的取用

（一）固体试剂的取用

1. 使用干净的药勺取用。用过的药勺必须洗净和擦干后才能使用，以免沾污试剂。

2. 取用试剂后立即盖紧瓶盖，防止药剂与空气中的氧气等起反应。

3. 称量固体试剂时，要严格按量取用药品。"少量"固体试剂对一般常量实验是指半个黄豆粒大小的体积；必须注意不要取多，如果一旦取多可放在指定容器内或给他人使用，一般不许倒回原试剂瓶中。因为取出已经接触空气，有可能已经受到污染，再倒回去容易污染瓶里的其他药剂。

4. 一般的固体试剂可以放在称量纸上称量。具有腐蚀性、强氧化性或易潮解的固体试剂要用小烧杯、称量瓶、表面皿等装载后进行称量。如氢氧化钠有腐蚀性，又易潮解，最好放在烧杯中称取，否则容易腐蚀天平。根据称量精确度的要求，可分别选择台秤和分析天平称量固体试剂。用称量瓶称量时，可用减量法操作。

5. 往试管（特别是湿的试管）中加入固体试剂时，可用药勺或将取出的药品放在对折的纸片上，伸进试管的 2/3 处。加入块状固体试剂时，应将试管倾斜，使其沿管壁慢慢滑下，以免碰破管底。

6. 有毒的药品称取时要做好防护措施，如戴好口罩、手套等。

（二）液体试剂的取用

1. 从滴瓶中取液体试剂时，要用滴瓶中的滴管，滴管绝不能伸入所用的容器中，以免接触器壁而沾污药品。一只滴瓶上的滴管不能用来移取其他试剂瓶中的试剂，也不能用实验者自己的滴管伸入滴瓶中吸取试剂。从试剂瓶中取少量液体试剂时，需要专用滴管。装有药品的滴管不得横置或滴管口向上斜放，以免液体流入滴管的胶皮帽中腐蚀胶皮帽，再取试剂时受到污染。

2. 从细口瓶中取出液体试剂时，用倾注法。先将瓶塞取下，并将其倒放在实验台上，左手拿住容器（如试管、量筒等），右手握住试剂瓶上贴标签的一面，逐渐倾斜瓶子，倒出所需量的试剂。倒出后，将试剂瓶口在容器上靠一下，再逐渐竖起瓶子，以免遗留在瓶口的液体滴流到瓶的外壁。

3. 把液体从试剂瓶中倒入烧杯中时，用右手握试剂瓶，左手拿玻璃棒，使棒下端斜靠在烧杯中，将试剂瓶瓶口靠在玻璃棒上，使液体沿着玻璃棒往下流。

4. 定量取用液体时，用量筒或移液管取。取用准确的量时就必须使用移液管；量筒用于量取一定体积的液体，可根据需要选用不同量度的量筒。量取液体时，使视线与量筒内液体的弯月面的最低处保持水平，俯视与仰视都会引起读数上的偏差（图 1-1）。

5. 取用挥发性强的试剂时要在通风橱中进行，做好安全防护措施。

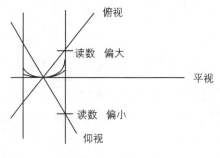

图 1-1　俯视与仰视引起的偏差

第四节　加热及冷却方法

一、加热方法

1. 煤气灯

①煤气灯的构造。煤气灯是实验室中不可缺少的加热工具，种类虽多，但构造原理基本相同。最常用的煤气灯如图1-2所示。

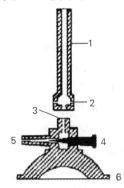

1. 灯管
2. 空气入口
3. 煤气出口
4. 螺旋针
5. 煤气入口
6. 灯座

图1-2　煤气灯的构造

煤气灯由灯座和灯管组成。灯座由铁铸成，灯管一般是铜管。灯管通过螺口连接在灯座上。空气的进入量可通过灯管下部的圆孔来调节。灯座的侧面有煤气入口，用胶管与煤气管道的阀门连接，在另一侧有调节煤气进入量的螺旋阀（针），顺时针关闭。根据需要量大小可调节煤气的进入量。

当煤气完全燃烧时，正常火焰可以分为三个锥形区域如图1-3所示。其性质列于表1-3。

实验中一般都用氧化焰加热。温度高低可由调节火焰的大小来控制。

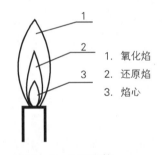

1. 氧化焰
2. 还原焰
3. 焰心

图1-3　分层火焰

②使用方法。点燃煤气灯的具体步骤如下：先向下旋转灯管把通气口关小，划着火柴，放在灯管口处打开煤气灯的螺旋针阀，把煤气点着，然后向上旋转灯管，调节空气进入量至火焰为正常火焰。

如果煤气和空气的进入量调节得不合适，会产生不正常火焰。

表1-3　正常火焰各区域的性质

区域	名称	火焰颜色	温度	燃烧反应
1	氧化焰(外焰)	淡紫	最高(800～900℃)	燃烧完全。由于有过剩的氧气,这部分火焰具有氧化性
2	还原焰(内焰)	淡蓝	较高(约500℃)	燃烧不完全。由于煤气分解为含碳的产物,这部分火焰具有还原性
3	焰心	黑色	最低(约300℃)	煤气和空气混合,未燃烧

当火焰脱离金属灯管的管口而临空燃烧产生临空火焰时（图1-4），说明空气的进入量太大或煤气和空气的进入量都很大，需要重新调节。一般可将煤气开关开小一点，或将空气进入量调小一些。

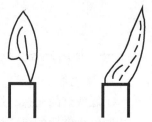

（临空火焰和侵入火焰）

图1-4 不正常火焰

有时煤气在金属灯管内燃烧，在管内有细长火焰，并常常带绿色（如灯管是铜的），并听到一种"嘘嘶"的声响，这种火焰称为侵入火焰（图1-4）。这是在空气的进入量较大，而煤气的进入量很小或者中途煤气供应突然减少时发生的。侵入火焰常使金属灯管烧得很热，并伴有未燃烧完全的煤气臭味。如果发生这种现象，应立即将煤气关闭，重新进行调节。此时灯管一般很烫，调节时应戴防护手套防止烫伤手指。

③注意事项：由于煤气中含有窒息性的有毒气体CO，且当煤气和空气混合到一定比例时，遇火源即可发生爆炸。所以不用时，一定要注意把煤气阀门关紧；点燃时一定要先划着火柴，再打开煤气阀门；离开实验室时再检查一下开关是否关好。

2. 酒精灯

①酒精灯的构造。酒精灯一般是由玻璃制成的，由灯壶、灯帽和灯芯构成（图1-5），是没有煤气的实验室常用的加热工具，加热温度一般在400～500 ℃。

②使用方法。使用时取下灯帽，竖放在实验台上，擦燃火柴，从侧面移向灯芯点燃。

1－灯帽
2－灯芯
3－灯壶

③注意事项：

Ⅰ. 不允许用一个燃着的酒精灯点燃另一个酒精灯。

Ⅱ. 灭火时不能用口吹灭，要用灯帽从火焰侧面轻轻罩灭之后，可再将灯帽打开一次，通一次气，防止下次打不开。灯帽和灯身是配套的，不可搞混。

图1-5 酒精灯的构造

Ⅲ. 添加酒精必须在火焰熄灭之后进行。要借助一个小漏斗来加酒精，酒精的加入量不宜超过灯容积的2/3。

3. 恒温水浴锅

要求温度不超过100 ℃时，可用水浴锅加热（图1-6）。如果加热的容器是锥形瓶或小烧杯等，可直接浸入水浴中。使用水浴锅应注意以下几点：

①水浴锅中的存水量应保存在总体积的2/3左右。

②受热玻璃器皿勿触及锅壁或锅底。

③水浴锅不能做油浴或沙浴。

4. 电炉、管式炉、马弗炉

电炉（图1-7）可代替煤气灯加热容器中的液体，如果电炉是非封闭式的，应在容器和电炉之间垫一块石棉网，以便溶液受热均匀和保护电热丝。

图1-6 恒温水浴锅

管式炉利用电热丝或硅碳棒加热，温度可分别达到950 ℃和1300 ℃。炉膛中放一根耐高温的石英玻璃管或瓷管，管中再放入盛有反应物的瓷器，使反应物在空气或其他气氛中受热。

马弗炉也是利用电热丝或硅碳棒加热的高温炉，炉膛呈长方体，很容易放入要加热的坩埚或其他耐高温的容器。

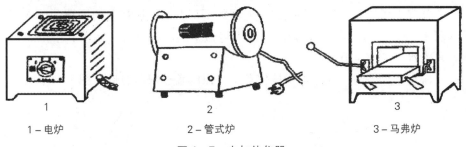

1-电炉　　　　　　　　2-管式炉　　　　　　　　3-马弗炉

图 1-7　电加热仪器

管式炉和马弗炉的温度由温度控制仪连接热电偶来控制，热电偶是将两根不同的金属丝一端焊接在一起制成的，使用时把未焊接的一端连接在毫伏计正负极上，焊接端伸入炉膛内。温度愈高热电偶的热电势愈大，由毫伏计指针偏离零点的远近指示出温度的高低。

二、冷却方法

1. 流水冷却：需冷却到室温的溶液可直接用流动的自来水冷却。

2. 冰水冷却：将需冷却的物品直接放在冰水浴中。

3. 冰盐浴冷却：实验室常用冰盐冷却剂来维持 0 ℃ 以下的低温。所能达到的温度由冰盐的比例和盐的品种决定，干冰和有机溶剂混合时，其温度更低。为了保持冰盐浴的效率，要选择绝热较好的容器，如杜瓦瓶等。表 1-4 是常用的冰盐浴及其达到的温度。

表 1-4　冰盐浴及其达到的温度（碎冰用量 100 g）

制冷剂	T/K	制冷剂	T/K
30 g NH_4Cl	270	125 g $CaCl_2 \cdot 6H_2O$	233
4 g $CaCl_2 \cdot 6H_2O$	264	150 g $CaCl_2 \cdot 6H_2O$	224
29 g NH_4Cl＋18 g KNO_3	263	5 g $CaCl_2 \cdot 6H_2O$	218
100 g NH_4NO_3	261	1 g NaCl（细）	252
75 g NH_4SCN＋15 g KNO_3	253	100 g NH_4NO_3＋100 g $NaNO_3$	238

第五节　固体物质的干燥、溶解与结晶

在无机化合物的制备、提纯过程中，常用到干燥、溶解和结晶等基本操作。

一、干燥

1. 干燥器的使用

干燥器是用来干燥或保存干燥物品的容器，分为普通干燥器和真空干燥器，其内放置

一块有圆孔的瓷板，将其分成上下两室，下室放干燥剂，上室放待干燥的物品。

（1）干燥器磨口盖子上需涂有少许凡士林，以便更好地密封。

（2）干燥器的底部放有适量的干燥剂，并应定时更换。

（3）干燥器要用干抹布将内壁和瓷板擦干净，不允许用水洗。

（4）放入干燥剂时，装至干燥器下室的一半左右。

（5）开启干燥器时，应左手按住干燥器的下部，右手握住盖的圆顶，沿水平方向推开盖子（图1-8）。打开真空干燥器时，应先将盖子的旋塞打开，调节真空干燥器内外气压一致，再沿水平方向推开。

（6）搬动干燥器时，应用拇指按住盖子，以防盖子滑落打碎（图1-9）。

图1-8　开启干燥器　　　　　　　　图1-9　搬动干燥器

（7）温度较高的物体应稍微冷却后再放入干燥器，放入后，在短时间内把盖子打开1～2次，以免以后盖子打不开。

（8）常用的干燥剂有硅胶、CaO、无水 $CaCl_2$ 等。硅胶是硅酸凝胶（组成可用通式 $xSiO_2 \cdot yH_2O$ 表示）烘干除去大部分水后，得到的白色多孔固体，具有高度的吸附能力。为了便于观察，将硅胶放在钴盐溶液中浸泡，使之呈粉红色，烘干后变为蓝色。蓝色的硅胶具有吸湿能力，当硅胶变为粉红色时，表示已经失效，应重新烘干至蓝色。

2. 烘箱的使用

电热干燥箱，又称烘箱（图1-10），是利用电热丝隔层加热通过空气对流使物体干燥的设备。实验室用的电热干燥箱适用于室温至300 ℃范围内，恒温烘烤干燥试样、试剂、器皿、沉淀等物料及测定水分等。

电热干燥箱的型号很多，生产厂家为突出其某一附加功能，常常标以不同的名称，如市场上常见的有：电热恒温干燥箱、电热鼓风干燥箱、电热恒温鼓风干燥箱、电热真空干燥箱等。但它们的结构基本相似，主要由箱体、电热系统和自动恒温控制系统三部分组成。

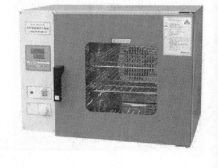

图1-10　烘箱

烘箱使用时应注意：

（1）烘箱应放在室内干净的水平处，保持干燥，做好防潮和防湿，并要防止腐蚀。

（2）烘箱放置处要有一定的空间，四面离墙体建议要有1 m以上的距离。

（3）使用前检查电压，较小体积的烘箱所需电压为 220 V，较大体积的烘箱所需电压为 380 V（三相四线），根据烘箱耗电功率安装足够容量的电源闸刀，并且选用合适的电源导线，外壳还应接地。

（4）以上工作准备就绪后，方可将样品放入烘箱内，然后连接电源，开启烘箱开关，带鼓风装置的烘箱，在加热和恒温的过程中必须将鼓风机开启，否则工作室温度会不均匀，时间长还会损坏加热元件。随后设定好需要的温度，烘箱即进入工作状态。

（5）工作室风板孔、箱体进气孔、排气孔不可堵塞，箱内物品不宜放置过挤，烘箱底部（散热板）不可放物品，以免影响热风循环，造成温度不均或发生其他不安全隐患。禁止烘焙易燃、易爆物品以及挥发性和腐蚀性的物品。

（6）烘箱周围 2 m 范围内不得放置或堆积任何易燃、易爆、易挥发性物品，如汽油、纸类、二甲苯、稀释剂等。

（7）烘焙完毕后先切断电源，然后方可打开工作室门，切记不能直接用手接触烘焙的物品，要用专用的工具或戴隔热手套取烘焙的物品，以免烫伤。

（8）烘箱工作室内要定时清理，保持内部干净。

（9）使用烘箱时，设定温度不能超过烘箱的最高使用温度。

（10）在对烘箱进行任何检修、维修之前请关闭电源。检修与维修必须由专业人士来进行。

二、溶解

溶解固体时，常用加热、搅拌等方法加快溶解速度。如果固体颗粒太大，可先在研钵中研细。搅拌可加速溶质的扩散，从而加快溶解速度。对一些溶解度随温度升高而增加的物质来说，加热对溶解过程有利。

在试管中溶解固体时，可用振荡试管的方法加速溶解，振荡时不能上下振荡，而应手腕用力轻轻甩动试管底部。

在烧杯中用溶剂溶解试样时，溶剂需慢慢地沿着玻璃棒或容器壁倾入，防止试样溅失。如果溶解的过程中有气体产生，需先用少量水将其润湿成糊状，用表面皿将烧杯盖好。对于需要加热溶解的试样，加热时要盖上表面皿，要防止溶液剧烈沸腾和迸溅。加热后要用蒸馏水把表面皿上飞溅的液体洗入烧杯中。

三、结晶

结晶是无机化学中混合物分离的常用方法，结晶常分为两种：蒸发结晶和冷却结晶。

1. 蒸发结晶

蒸发结晶指的是当溶液很稀而所需要的物质的溶解度又较大时，为了能从中析出该物质的晶体，必须通过加热，使水分不断蒸发，溶液不断浓缩；蒸发到一定程度时溶液达到饱和，就可析出晶体。它适用于温度对溶解度影响不大的物质。沿海地区"晒盐"就是利用的这种方法。

蒸发结晶适用于一切固体溶质从他们的溶液中分离，或从含两种以上溶质的混合溶液中提纯随温度的变化溶解度变化不大的物质，如从氯化钠与硝酸钾混合溶液中提纯氯化钠（硝酸钾少量），此时蒸发结晶不能将溶剂全部蒸干。

2. 冷却结晶

冷却结晶是指饱和溶液通过降低溶液的温度，使溶质析出的方法。一般来说，溶液的温度越高，一定质量的溶剂所能溶解的某一溶质的质量越大，那么降低溶液的温度，就会有溶质析出。此法适用于温度升高，溶解度也增加的物质。如北方地区的盐湖，夏天温度高，湖面上无晶体出现；每到冬季，气温降低，纯碱（$Na_2CO_3 \cdot 10H_2O$）、芒硝（$Na_2SO_4 \cdot 10H_2O$）等物质就从盐湖里析出来。在实验室里为获得较大的完整晶体，常使用缓慢降低温度，减慢结晶速率的方法。

冷却结晶主要是对混合溶液中含有两种以上的溶质，且有一种随温度的变化溶解度变化较大，提纯它就用冷却结晶，如从氯化钠与硝酸钾混合溶液中提纯硝酸钾（氯化钠少量）。

3. 重结晶

假如第一次得到的晶体纯度不合乎要求，可将所得晶体溶于少量溶剂中，然后进行蒸发、冷却、结晶分离，如此反复的操作称为重结晶。重结晶是提纯固体物质的常用方法之一。有些物质的纯化，需要经过几次重结晶才能完成。

重结晶纯化物质的方法，只适用于那些溶解度随温度上升而增大的化合物，对于溶解度受温度影响很小的化合物则不适用。

从纯度的要求来说，细小晶体的生成有利于生成物纯度的提高，因为它不易裹入母液或别的杂质，而粗大晶体，特别是结成大块的晶体，则不利于纯度的提高。

如果溶液发生过饱和现象，则可以用搅拌、摩擦器壁或投入几粒小晶体（晶种）等办法，使其形成结晶中心，过量的溶质便会结晶析出。

第六节　固液分离

固体与液体的分离方法主要有三种：倾析法、过滤法和离心分离法。

一、倾析法

当沉淀的相对密度较大或结晶颗粒较大，静置后容易沉降至容器底部时，可用倾析法分离。倾析法就是把沉淀上部的溶液倾入另一容器内，可往盛有沉淀的容器内加入少量洗涤液，充分搅拌后，沉降，倾去洗涤液，如此重复操作两三遍，即可洗净沉淀（图1—11）。

二、过滤法

过滤法是最常用的分离方法。

图1—11　倾析法

1. 常压过滤(图1—12)

操作要领：一贴、二低、三靠。

一贴：指滤纸要紧贴漏斗壁，一般在将滤纸贴在漏斗壁时先用水润湿并挤出气泡，因为如果有气泡会影响过滤速度。

二低：一是滤纸的边缘要稍低于漏斗的边缘；二是在整个过滤过程中滤液的液面要低

于滤纸的边缘。否则，被过滤的液体会从滤纸与漏斗之间的间隙流下，直接流到漏斗下边的接收器中，这样未经过滤的液体与滤液混在一起，而使滤液浑浊，没有达到过滤的目的。

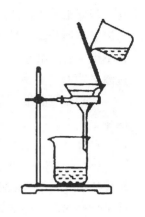

三靠：一是待过滤的液体倒入漏斗中时，盛有待过滤液体的烧杯嘴要靠在倾斜的玻璃棒上（玻璃棒引流）；二是指玻璃棒下端要靠在三层滤纸一边（三层滤纸一边比一层滤纸那边厚，三层滤纸那边不易被弄破）；三是指漏斗的颈部要紧靠接收滤液的接收器的内壁。

滤纸的选择：滤纸按孔隙大小分为快速、中速和慢速三种类型；按直径大小分 7 cm、9 cm 和 11 cm 等几种。应根据沉淀的性质选择滤纸的类型，如 $BaSO_4$ 细晶形沉淀，宜选用中速滤纸；$Fe_2O_3 \cdot nH_2O$ 为胶状沉淀，需选用快速滤纸。根据沉淀量的多少选择滤纸的大小，一般要求沉淀的总体积不得超过滤纸锥体高度的 1/3。滤纸的大小还应与漏斗的大小相适应。

图 1-12　过滤装置图

滤纸的折叠与安放：将滤纸对折两次折叠成四层（即四折法，如图 1-13 所示），展开成圆锥体。所得锥体半边为一层，另半边为三层。将半边为三层的滤纸外层撕下一小角，以便其内层滤纸紧贴漏斗。将滤纸放入漏斗中，三层的一边应放在漏斗出口较短的一边，用十指按住三层一边，用洗瓶吹入少量蒸馏水将滤纸湿润。轻压滤纸，使它紧贴在漏斗壁上，并赶走气泡。加入蒸馏水后漏斗颈内能保留水柱而无气泡，则说明漏斗准备完好。

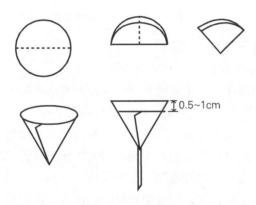

图 1-13　滤纸的折叠与安放

2. 减压过滤

减压过滤又称抽滤，是利用真空泵或抽气泵将吸滤瓶中的空气抽走而产生负压，使过滤速度加快，减压过滤装置由真空泵、布氏漏斗、吸滤瓶组成。为了防止倒吸，也可在吸滤瓶和真空泵之间加一个安全瓶。装置图如图 1-14。

• 抽滤操作

（1）剪滤纸。将滤纸两次对折后，让尖端与漏斗圆心重合，以漏斗内径为标准，作记号。沿记号将滤纸剪成扇形，打开滤纸，如不圆，稍作修剪。放入漏斗，试大小是否合适。若滤纸稍大于漏斗内径，则剪小些，使滤纸比漏斗内径略小，但又能把全部瓷孔盖住。若滤纸大了，滤纸的边缘不能紧贴漏斗而产生缝隙，过滤时沉淀穿过缝隙，造成沉淀与溶液不能分离；另外，空气穿过缝隙，吸滤瓶内不能产生负压，使过滤速度变慢，沉淀抽不干。若滤纸小了，不能盖住所有的瓷孔，则不能过滤。因此剪一张合适的滤纸是减压过滤成功的关键。

（2）贴紧滤纸。用少量水润湿，用干净的手或玻璃棒轻压滤纸除去缝隙，使滤纸贴在漏斗上。将漏斗放入吸滤瓶内，塞紧塞子。注意漏斗颈下端的斜口要对着吸滤瓶的支管口。打开开关，接上橡皮管，滤纸便紧贴在漏斗底部。如有缝隙，一定要除去。

（3）过滤时一般先转移溶液，后转移沉淀或晶体，使过滤速度加快。转移溶液时，用玻璃棒引导，倒入溶液的量不要超过漏斗总容量的 2/3。先用玻璃棒将烧杯壁上的晶体转移至烧杯底部，再全部转移到漏斗。如转移不干净，可加入少量滤瓶中的滤液，一边搅动，一边倾倒，让滤液带出晶体。继续抽吸直至晶体干燥，可用干净、干燥的瓶塞压晶体，加速其干燥，但不要忘了取下瓶塞上的晶体。

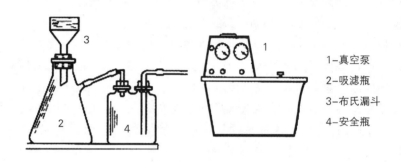

图 1-14 减压过滤装置图

晶体是否干燥，有三种判断方法：

a. 干燥的晶体不粘玻璃棒；

b. 当 1~2 min 内漏斗颈下无液滴滴下时，可判断已抽吸干燥；

c. 用滤纸压在晶体上，滤纸不湿，则表示晶体已干燥。

（4）停止抽滤。在停止抽滤时，应先从吸滤瓶上拔掉橡皮管，然后关闭真空泵，以防由于吸滤瓶内压力低于外界压力而引起水倒吸进入吸滤瓶，将滤液污染或冲稀。为了防止倒吸，一般在吸滤瓶和真空泵之间安装一个安全瓶。

（5）转移晶体。取出晶体时，用玻璃棒掀起滤纸的一角，用手取下滤纸，连同晶体放在称量纸上，或倒置漏斗，手握空拳使漏斗颈在拳内，用嘴吹下。用玻璃棒取下滤纸上的晶体，但要避免刮下纸屑。检查漏斗，如漏斗内有晶体，则尽量转移出。如盛放晶体的称量纸有点湿，则用滤纸压在上面吸干，或转移到两张滤纸中间压干。如称量纸很湿，则重新过滤，抽吸干燥。

（6）转移滤液。将支管朝上，从瓶口倒出滤液，如支管朝下或在水平位置，则转移滤液时，部分滤液会从支管处流出而损失。注意：支管只用于连接橡皮管，不是溶液出口。

（7）洗涤晶体。若要洗涤晶体，则在晶体抽吸干燥后，拔掉橡皮管，加入洗涤液润湿晶体，让洗涤液慢慢透过全部晶体，最后接上橡皮管抽吸干燥。如需洗涤多次，则重复以上操作，洗至达到要求为止。

减压过滤的优点是过滤和洗涤的速度快，液体和固体分离得较完全，滤出的固体容易干燥。

三、离心分离法

当被分离的沉淀量很少时，采用一般的方法过滤后，沉淀会黏附在滤纸上，难以取下，这时我们可以采用离心分离法进行分离，其操作简单迅速。实验室常用电动离心机进行离心分离（图1-15）。

使用离心机时，必须注意以下操作。

（1）使用前必须先检查面板上的各个旋钮是否在规定位置上（即电源在关的位置上，调速旋钮及定时旋钮在零的位置上）。

（2）离心机套管底部要垫棉花或试管垫。

（3）电动离心机如有噪音或机身振动时，应立即切断电源，即时排除故障。

（4）操作时，把盛有沉淀与溶液混合物的离心试管（或小试管）放入离心机的套管内，离心管必须对称放入套管中，防止机身振动，若只有一支样品管，则另外一支要用等质量的水代替。

（5）启动离心机时，应先盖上离心机顶盖，方可慢慢启动。有些电动离心机可以设定离心时间，启动前，应先将变速器旋钮调至零，然后设定离心时间，设定好时间后再慢慢转动变速器旋钮调至需要的转速。

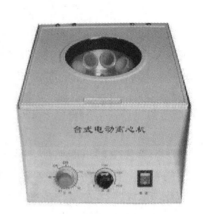

图1-15 电动离心机

（6）分离结束后，先关闭离心机，并将调速旋钮调回至零位，待机器完全停止运转后，方可取出试管进行分离，不可用外力强制其停止转动。

（7）离心时间一般为1~2 min，在此期间，实验者不得离开去做别的事。

离心后的沉淀紧密聚集于离心试管的尖端，上方的溶液通常是澄清的，可用滴管小心地吸出上方的清液。如果沉淀需要洗涤，可以加入少量洗涤液，用玻璃棒充分搅拌，再进行离心分离，如此重复操作三遍即可。

第七节　气体的发生、净化、干燥与收集

一、气体的发生

实验室中常使用启普发生器来制备氢气、二氧化碳和硫化氢等气体。

$$Zn + H_2SO_4 = ZnSO_4 + H_2 \uparrow$$
$$CaCO_3 + 2HCl = CaCl_2 + CO_2 \uparrow + H_2O$$
$$FeS + 2HCl = FeCl_2 + H_2S \uparrow$$

启普发生器由一个葫芦状的玻璃容器和球形漏斗组成，固体药品放在中间圆球内，可在固体下面放些玻璃丝来承受固体，以免固体掉至下部球内，酸从球形漏斗加入，使用时打开右边的活塞H，由于压力差，酸即从下面球体进入中间球内与固体接触从而产生气

体。如需停止发生气体，只要关闭旋塞 H，气体把酸从中间球压出，通过下球进入球形漏斗内，即实现了酸与固体的分开（图 1—16）。

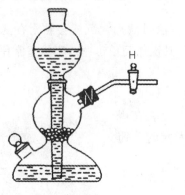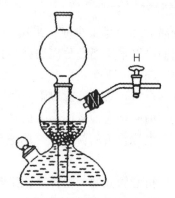

(a)关闭活塞的情形；　　　　　　　(b)扭开活塞的情形

图 1—16　启普发生器

启普发生器不能加热，装入的固体反应物又必须是较大的颗粒，不适用小颗粒或粉末的固体反应物。所以制备氯化氢、氯气、二氧化硫等气体就不能用启普发生器，可用图 1—17 的气体发生装置。

$$2KMnO_4 + 16HCl（浓）= 5Cl_2\uparrow + 2MnCl_2 + 2KCl + 8H_2O$$

$$NaCl + H_2SO_4（浓）= HCl\uparrow + NaHSO_4$$

$$Na_2SO_3 + 2H_2SO_4（浓）= SO_2\uparrow + 2NaHSO_4 + H_2O$$

把固体加到蒸馏瓶内，把酸液装在分液漏斗中，使用时打开分液漏斗下面的活塞，酸液流到蒸馏瓶内与固体反应，就产生气体，当反应缓慢或不发生气体时可以微加热，如果加热后仍不起反应，则需要更换药品。

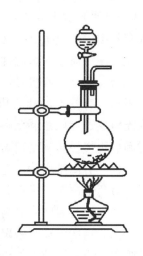

图 1—17　气体发生装置

二、气体的净化和干燥

实验室中制备的气体常常带有酸雾和水汽等杂质，所以在要求较高的实验中就需要净化和干燥，通常用洗气瓶（图 1—18）和干燥塔（图 1—19）来进行。将发生出来的气体先通过水洗以洗去酸雾，然后再通过浓硫酸吸去水汽，如

图 1—18　洗气瓶　　　　　　　图 1—19　干燥塔

二氧化碳的净化和干燥就是按此法进行的。氢气的净化要复杂一些，因为发生氢气的原料（锌粒）常含有硫、砷等杂质，所以在氢气发生过程中常夹杂有硫化氢、砷化氢等气体，要采用通过高锰酸钾溶液、乙酸溶液的方法除去硫和砷，酸气也同时除去，最后再通过浓硫酸干燥。有些气体是还原性的或碱性的（如硫化氢、氨气），不能用浓硫酸来干燥。硫化氢可用无水氯化钙干燥，氨气可用氢氧化钠固体干燥。

三、气体的收集

根据气体的密度及在水中溶解度的不同，采用不同的收集方法。

1. 在水中溶解度很小的气体如氢气、氧气，可用排水集气法收集（图 1—20）。

2. 易溶于水而比空气轻的气体如氨气，可用瓶口向下的排气集气法收集（图 1—21）。

3. 易溶于水而比空气重的气体如氯气、二氧化碳等，可用瓶口向上的排气集气法收集（图 1—22）。

图 1—20　排水集气法

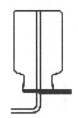
图 1—21　向下排气集气法

图 1—22　向上排气集气法

第八节　移液管、容量瓶和滴定管的使用

一、移液管和吸量管

移液管和吸量管一般用于准确量取小体积的液体（见图 1—23）。移液管是一支细长而中部膨大的玻璃管，上端刻有环形标线，膨大部分标有容积和标定时的温度。常用的移液管容积有 5 mL、10 mL、25 mL、50 mL 等。吸量管是具有分刻度的玻璃管，常用的吸量管有 1 mL、2 mL、5 mL、10 mL 规格。

使用移液管或吸量管移取溶液的方法是：

（1）洗涤。使用前移液管和吸量管都要洗涤，直至内壁不挂水珠为止。洗涤方法：先用洗液洗，再用自来水冲洗，最后用蒸馏水洗涤干净。

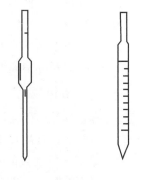
图 1—23　移液管（左）和吸量管（右）

（2）润洗。为保证移取溶液时溶液浓度保持不变，应使用滤纸将管口内外水珠吸去，再用被移溶液润洗三次，以置换移液管或吸量管内壁的水分，润洗后的溶液应该弃去。润洗的方法：左手拿洗耳球，先把球中空气压出，再将球的尖嘴接在移液管上口，慢慢松开压扁的洗耳球使溶液吸入管内，先吸入该管容量的 1/3 左右，用右手的食指按住管口，取出，松开手指，横持并转动管子使溶液接触到刻度线以上部位，以置换内壁的水分，然后将溶液从管的下口放出并弃去，如此反复润洗

3 次即可。

（3）吸取溶液（图 1-24）。吸取溶液时，用右手大拇指和中指拿在管子的刻度上方，插入溶液中，左手用吸耳球将溶液吸入管中（预先捏扁，排除空气）。吸管下端至少伸入液面 1 cm，不要伸入太多，以免管口外壁沾附溶液过多，也不要伸入太少，以免液面的下降后吸空。用洗耳球慢慢吸取溶液，眼睛注意正在上升的液面位置，移液管应随容器中液面下降而降低。当液面上升至标线以上，立即用右手食指按住管口，随后右手食指略微放松或稍稍转动移液管，让液面缓慢下降到凹液面与刻度正好相切即可。

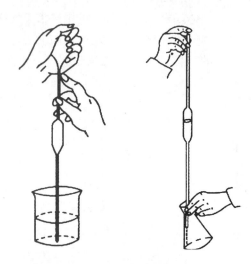

图 1-24　吸取溶液放出溶液

（4）放出溶液。将移液管放入锥形瓶或容量瓶中，将锥形瓶或容量瓶略倾斜，管尖靠瓶内壁，移液管垂直。松开食指，液体自然沿瓶壁流下，液体全部流出后停留 15 秒（移液管上标有"快"的应该不停留），取出移液管。如果移液管未标明"吹"字，则残留在管尖末端内的溶液不可吹出，因为移液管所标定的量出容积中并未包括这部分残留溶液（移液管上标有"吹"，应该将留在管口的液体吹出）。使用吸量管放出一定量溶液时，通常是液面由某一刻度下降到另一刻度，两刻度之差就是放出的溶液的体积，注意目光与刻度线平齐。实验中应尽可能使用同一吸量管的同一区段的体积。

二、容量瓶

容量瓶是一种细颈梨形的平底玻璃瓶，带有磨口玻璃塞或塑料塞，瓶颈上有标线，一般表示 20 ℃时液体充满至标线刻度时的容积，有 10 mL、25 mL、50 mL、100 mL、250 mL、500 mL 和 1000 mL 等多种规格。容量瓶主要用来把精密称量的物质准确地配成一定容积的溶液，或将准确容积的浓溶液稀释成准确容积的稀溶液，这种过程通常称为定容。

1. 容量瓶的使用方法

（1）检漏。使用前检查瓶塞处是否漏水。具体操作方法是：在容量瓶内装入半瓶水，塞紧瓶塞，用右手食指顶住瓶塞，另一只手五指托住容量瓶底，将其倒立（瓶口朝下），观察容量瓶是否漏水。若不漏水，将瓶正立且将瓶塞旋转 180°后，再次倒立，检查是否漏水，若两次操作，容量瓶瓶塞周围皆无水漏出，即表明容量瓶不漏水。经检查不漏水的容量瓶才能使用。

（2）洗涤。使用前容量瓶都要洗涤。先用洗液洗，再用自来水冲洗，最后用蒸馏水洗涤干净（直至内壁不挂水珠为洗涤干净）。

（3）固体物质的溶解。把准确称量好的固体溶质放在干净的烧杯中，用少量溶剂溶解（如果溶解过程放热，要放置使其降温到室温），然后把溶液转移到容量瓶里，转移时要用玻璃棒引流。方法是将玻璃棒一端靠在容量瓶颈内壁标线以下的位置，注意不要让玻璃棒其他部位触及容量瓶口，防止液体流到容量瓶外壁上。

（4）淋洗。为保证溶质能全部转移到容量瓶中，要用溶剂少量多次洗涤烧杯和玻璃棒，并把洗涤溶液全部转移到容量瓶里，转移时要用玻璃棒引流。

（5）定容。继续向容量瓶内加入溶剂直到液体液面离标线大约 1 cm 左右时，改用滴管小心滴加（图 1-25），最后使液体的弯月面与标线正好相切。若加溶剂超过刻度线，则需重新配制。

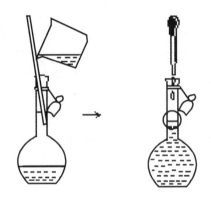

图 1-25　定容

（6）摇匀。定容后的溶液浓度不均匀，要把容量瓶瓶塞塞紧，用食指顶住瓶塞，用另一只手的手指托住瓶底，把容量瓶倒转和摇动多次，使溶液混合均匀，这个操作叫做摇匀（图 1-26）。静置后液面可能低于刻度线，这是因为容量瓶内极少量溶液在瓶颈处润湿所损耗，所以并不影响所配制溶液的浓度，故不要在瓶内加溶剂，否则，将使所配制的溶液浓度降低。

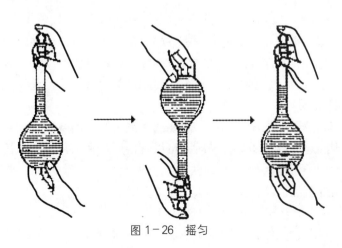

图 1-26　摇匀

2. 使用容量瓶六忌

一忌用容量瓶进行溶解（体积不准确）；二忌直接往容量瓶倒液；三忌加水超过刻度线（浓度偏低）；四忌读数仰视或俯视（仰视浓度偏低，俯视浓度偏高）；五忌不洗涤玻璃棒和烧杯（浓度偏低）；六忌标准溶液存放于容量瓶（容量瓶是量器，不是容器）。

三、滴定管

滴定管分酸式滴定管和碱式滴定管两种。常用的滴定管容积有 25 mL 和 50 mL 两种，其最小刻度为 0.1 mL，读数可估计到 0.01 mL，一般读数误差为 ± 0.02 mL。所以每次滴定所用溶液体积最好在 20 mL 以上，若滴定所用体积过小，则滴定管刻度读数误差影响增大。除此之外，还有 10 mL 及容量更小的微量滴定管。酸式滴定管下端有一个玻璃活塞，玻璃活塞与滴定管是配套使用的。碱式滴定管的下端用橡胶管连接一个带有尖嘴的小玻璃管，橡胶管内装一个玻璃珠，用于堵住溶液。使用时只要用拇指和食指捏紧橡胶管半边，轻轻将玻璃珠向另一边挤压，管内便形成一条狭缝，溶液由狭缝流出。

1. 使用前查漏

• 酸式滴定管

查漏时关闭活塞，装入蒸馏水至一定刻度线，直立滴定管约 2 min，仔细观察液面是否下降，滴定管下端有无水滴滴下，及活塞隙缝中有无水渗出，然后将活塞转动 180°等待 2 min 再观察。为使活塞转动灵活并防止漏水，需在活塞上涂凡士林，通常是取出活塞，拭干，在活塞两端沿圆周抹一薄层凡士林作润滑剂（图 1—27），然后将活塞插入，顶紧，旋转几下使凡士林分布均匀（几乎透明）即可（图 1—28），再在活塞尾端套一橡皮圈，使之固定。注意凡士林不要涂得太多，否则易使活塞中的小孔或滴定管下端管尖堵塞。

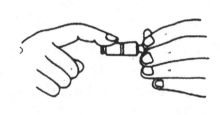 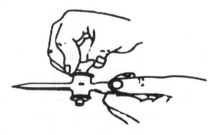

图 1-27　涂凡士林　　　　　　图 1-28　转动活塞

• 碱式滴定管

查漏时，装蒸馏水至一定刻度线，直立滴定管约 2 min，仔细观察液面是否下降，或滴定管下端尖嘴上有无水滴滴下，如有漏水，则应调换橡胶管中玻璃珠，选择一个大小合适比较圆滑的配上再试，玻璃珠太小或不圆滑都可能漏水，太大操作不方便。

2. 滴定管的洗涤

滴定管使用之前必须洗涤干净，一般要求洗涤后管的内壁全部为一层薄水膜湿润而不挂水珠。当发现滴定管没有明显污染时，可以直接用自来水冲洗，或用滴定管刷蘸肥皂水刷洗，但要注意刷子不能露出头上的铁丝，也不能划伤内壁，用自来水、蒸馏水洗净之后，要用待滴定的溶液润洗 3 次（每次 5～10 mL）。

3. 赶气泡

酸式滴定管，若有气泡，可用右手拿滴定管并使滴定管倾斜约 30°，左手迅速打开旋塞使溶液冲出，重复操作一遍可排除气泡。

碱式滴定管，若有气泡，可将装满操作液的滴定管放于滴定管架上，用左手拇指和食指捏住玻璃珠所在部位稍上处，橡胶管向上弯曲，尖嘴管倾斜向上，用力往一旁挤捏橡胶管，使溶液从管口喷出，除去气泡（图1-29）。注意当气泡排出后，左手应边挤捏橡胶管，边将橡胶管放直，待橡胶管放直后，才能松开拇指和食指，否则气泡排不干净。

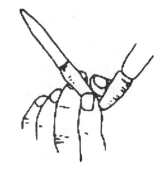

图1-29 碱式滴定管赶气泡

4. 滴定操作

向润洗3次后的滴定管内装入溶液至0刻度以上为止，若有气泡，需先赶气泡，然后补装溶液至0刻度以上。

酸式滴定管，用左手控制活塞进行滴定，拇指在前，食指和中指在后，握持活塞柄，无名指与小指弯曲在活塞下方和滴定管之间的直角内，转动活塞时，手掌微曲，手掌中心要空（图1-30）。注意手心不要向外顶，以免将活塞顶出而造成漏液。

碱式滴定管，操作时用左手拇指和食指捏挤橡胶管，使之与玻璃珠间形成缝隙，溶液即从缝隙中流出，停止滴定时，要先松开拇指和食指。要注意不要用力捏玻璃珠，不能使玻璃珠上下移动；不能挤捏玻璃珠下面的橡胶管，否则放开手时，会有空气进入玻璃管而形成气泡。

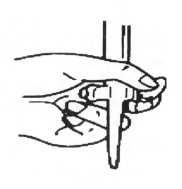

图1-30 酸式滴定管的握法

5. 读数

读数应注意以下几点：

（1）注入溶液或放出溶液后，需等待30 s～1 min后才能读数，使附着在内壁上的溶液流下来。

（2）滴定管应垂直地夹在滴定台上读数或用两手指拿住滴定管的上端使其垂直后读数。

（3）读数时，视线须与弯月面处于同一水平面（图1-31），对于无色溶液或浅色溶液，应读弯月面下缘实际的最低点，但遇溶液颜色太深，不能观察下缘时，可以读液面两侧最高点，"初读"与"终读"应用同一标准。

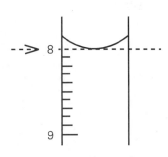

图1-31 正确的读数方式

（4）每次滴定须从刻度零开始，以使每次测定结果能抵消滴定管的刻度误差。

第九节　实验室常用的称量仪器

电子天平是一种先进称量仪器，它利用电子装置完成电磁力补偿的调节，使物体在重力场中实现力的平衡，或通过电磁力矩的调节，使物体在重力场中实现力矩的平衡。这些年电子天平的生产技术得到飞速发展，市场上出现了一系列的从简单到复杂、从粗到精的电子天平，可用于基础、标准和专业等多种级别称量的任务。

这里重点介绍两种类型的电子天平，一种是电子天平也称台称；另一种是分析天平。

一、电子天平

以 YP－601N 型电子天平为例（图 1－32），
它可精确称量到 0.1 g，其称量范围为 0～600 g，
用于对精度要求不高的称量。其使用方法如下：

①调水平：调整地脚螺栓高度，使水平仪内空
气气泡位于圆环中央。

②开机：接通电源，按开关键直至全屏自检。

③预热：天平在初次接通电源或长时间断电之
后，至少需要预热 30 min。

④校正：首次使用天平必须进行校正，在秤盘

图 1-32　电子天平

上不加任何物体的情况下，长按"置零/校准"键不放，直至显示屏显示"—CAL—"字
符后放开按键，稍后等显示出"校准砝码值"后，把对应重量值的标准砝码放在秤盘中
间，显示屏显示"——"后进入校准状态，稍后等到显示屏显示与校准砝码相同的重量值
后，表示校准完毕。如校准后发现称量不准确时，则按上述过程重新校准。

⑤称量：使用"置零/校准"，除皮清零。放置样品进行称量。

⑥关机：称量结束后，按"开/关"键关闭天平，将天平还原。长期不使用时，拔出
电源适配器插头。

二、分析天平

以梅特勒 ME204E 型分析天平为例（图 1－33），它可精确称量到 0.0001 g，最大称
量值 220 g。

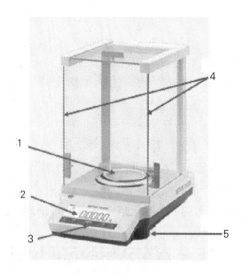

1- 秤盘
2- 显示屏
3- 操作键
4- 天平门
5- 水平调节架

图 1-33　分析天平

其使用方法如下：

①水平调节：调整水平调节脚，使水平仪内气泡位于水平仪中心（圆环中央）。

②开机：接通电源，按"on/off"键，当显示器显示"0.0000 g"时，电子称量系统

自检过程结束。

③称量：将称量物放入盘中央，并关闭天平侧门，待读数稳定后，该数字即为称量物的质量。

④去皮：将空容器放在盘中央，按"O/T"键清零，即去皮。将称量物放入容器中，待读数稳定后，此时天平所示读数即为所称物体的质量。

⑤关机：称量完毕，长按"on/off"键，关闭显示器，此时天平处于待机状态，若当天不再使用，应拔下电源插头。

三、称量方法

常用的称量方法有直接称量法、固定质量称量法和递减称量法，现分别介绍如下。

1. 直接称量法

此法是将称量物放在电子天平盘上直接称量物体的质量。例如，称量小烧杯的质量，容量器皿校正中称量某容量瓶的质量，重量分析实验中称量某坩埚的质量等，都使用这种称量法。

2. 固定质量称量法

又称增量法，用于称量某一固定质量的试剂（如基准物质）或试样，这种称量操作的速度很慢，适于称量不易吸潮、在空气中能稳定存在的粉末状或小颗粒样品。注意：若不慎加入试剂超过指定质量，可用牛角匙小心取出多余试剂，严格要求时，取出的多余试剂应弃去，不要放回原试剂瓶中。操作时不能将试剂散落于天平盘等容器以外的地方，称好的试剂必须定量地由表面皿等容器直接转入接受容器，此即所谓"定量转移"。

3. 递减称量法

又称减量法，此法用于称量一定质量范围的样品或试剂。在称量过程中样品易吸水、易氧化或易与 CO_2 等反应时，可选择此法。由于称取试样的质量是由两次称量之差求得，故也称差减法。

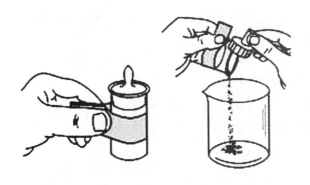

图 1-34　倒出试样

称量步骤如下：从干燥器中用纸带（或纸片）夹住称量瓶后取出称量瓶（注意：不要让手指直接触及称量瓶和瓶盖），用纸片夹住称量瓶盖柄，打开瓶盖，用牛角匙加入适量试样（一般为称一份试样量的整数倍），盖上瓶盖。称出称量瓶加试样后的准确质量。将称量瓶从天平上取出，在接收容器的上方倾斜瓶身，用称量瓶盖轻敲瓶口上部使试样慢慢落入容器中（图1-34），瓶盖始终不要离开接受器上方。当倾出的试样接近所需量（可从体积上估计或试重得知）时，一边继续用瓶盖轻敲瓶口，一边逐渐将瓶身竖直，使黏附在瓶口上的试样落回称量瓶，然后盖好瓶盖，准确称其质量。两次质量之差，即为试样的质量。按上述方法连续递减，可称量多份试样。有时一次很难得到合乎质量范围要求的试样，可重复上述称量操作1~2次。

四、电子天平使用注意事项

1. 天平应放于稳定的工作台上，避免震动、阳光照射及气流。

2. 在使用前，调整水平仪气泡至中间位置，否则读数不准。

3. 电子天平应按说明书的要求进行预热。

4. 对于过热或过冷的称量物，应使其回到室温后方可称量。

5. 电子天平使用时，称量物品之重心，须位于秤盘中心点；称量物品时应遵循逐次添加原则，轻拿轻放，避免对传感器造成冲击；且称量物不可超出称量范围，以免损坏天平。

6. 称量易挥发和具有腐蚀性的物品时，要盛放在密闭的容器中，以免腐蚀和损坏电子天平。另外，若有液体滴于称盘上，立即用吸水纸轻轻吸干，不可用抹布等粗糙物擦拭。

7. 每次使用完天平后，应对天平内部、外部周围区域进行清理，不可把待称量物品长时间放置于天平周围，影响后续使用。严禁用溶剂清洁外壳，应用软布清洁。

8. 仪器管理人经常对电子天平进行校准，一般应3个月校一次，保证其处于最佳状态。

第十节　PHS-3C型酸度计的使用说明

一、酸度计的工作原理

酸度计是测定溶液pH值的仪器（图1-35）。酸度计能在pH 0~14范围内使用。酸度计的主体是精密的电位计。测定时把复合电极插在被测溶液中，由于被测溶液的酸度（氢离子浓度）不同而产生不同的电动势，将它通过直流放大器放大，最后由读数指示器（电压表）显示出被测溶液的pH值。

电位测定法测定溶液的pH值，是以pH玻璃电极为指示电极、饱和甘汞电极为参比电极，并与待测液组成工作电池，电池可用下式表示：

pH玻璃电极｜试液‖饱和甘汞电极

$$25\ ℃时，电池电动势为 E = K + 0.059pH \tag{1-1}$$

式1-1中，K在一定条件下是常数。可见电池电动势在一定条件下与溶液的pH值呈线性关系。为了方便操作，现在酸度计大都使用复合电极。复合电极是指示电极和参比电极组合在一起的电极，有塑壳和玻璃两种。由于上式中K是一个不固定的常数，很难通过计算得到，因此普遍采用已知pH值的标准缓冲溶液在酸度计上进行校正。即先测定复合电极与已知pH值标准缓冲溶液的电动势E_s，然后再测定复合电极与试液的电池电动势E_x。若测量E_s和E_x时条件不变，假定，根据式（1-1）可得

$$pH_x = pH_s + (E_x - E_s)/0.059\ (25\ ℃) \tag{1-2}$$

这就是 pH 值操作定义，即通过分别测定标准缓冲溶液和试液所组成工作电池电动势就可求出试液的 pH 值。

由式 $1-2$ 可知 pH_x 和 pH_s 相差 1 pH 单位时，E_x 与 E_s 相差 0.059 V，酸度计即按此进行分度。将 0.059 V/ pH 称为 25 ℃时直线的斜率（或玻璃电极转换系数）。直线斜率与温度呈函数关系。为了保证在不同温度下测量精度符合要求，在测量中要进行温度补偿，酸度计设有此功能。

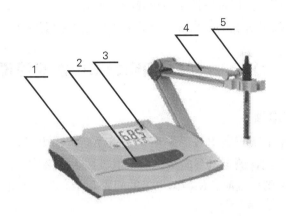

1-机箱
2-键盘
3-显示屏
4-多功能电极架
5-复合电极

图 $1-35$　PHS-3C 型酸度计

二、PHS-3C 的标定

仪器使用前首先要标定。一般情况下仪器在连续使用时，每天要标定一次。

1. 打开电源开关，按"pH/mV"按钮，使仪器进入 pH 值测量状态。

2. 按"温度"按钮，使显示为溶液温度值（此时温度指示灯亮），然后按"确认"键，仪器确定溶液温度后回到 pH 测量状态。

3. 把用蒸馏水清洗过的电极插入 pH = 6.86 的标准缓冲溶液中，待读数稳定后按"定位"键（此时 pH 指示灯慢闪烁，表明仪器在定位标定状态），使读数为该溶液当时温度下的 pH 值（例如混合磷酸盐 10 ℃时，pH = 6.92），然后按"确认"键，仪器进入 pH 测量状态，pH 指示灯停止闪烁。标准缓冲溶液的 pH 值与温度关系对照表见附录。

4. 把用蒸馏水清洗过的电极插入 pH = 4.00（或 pH = 9.18）的标准缓冲溶液中，待读数稳定后按"斜率"键（此时 pH 指示灯快闪烁，表明仪器在斜率标定状态），使读数为该溶液当时温度下的 pH 值（例如邻苯二甲酸氢钾 10 ℃时，pH = 4.00），然后按"确认"键，仪器进入 pH 测量状态，pH 指示灯停止闪烁，标定完成。

5. 用蒸馏水清洗电极后即可对被测溶液进行测量。如果在标定过程中操作失误或按键按错而使仪器测量不正常，可关闭电源，然后按住"确认"键再开启电源，使仪器恢复初始状态。然后重新标定。注意：经标定后，"定位"键及"斜率"键不能再按，如果触动此键，此时仪器 pH 指示灯闪烁，请不要按"确认"键，而是按"pH/mV"键，使仪器重新进入 pH 测量即可，而无须再进行标定。

6. 标定的缓冲溶液一般第一次用 pH = 6.86 的溶液，第二次用接近被测溶液 pH 值的缓冲溶液，被测溶液为酸性时，缓冲溶液应选 pH = 4.00；被测溶液为碱性时则选 pH

＝9.18的缓冲溶液。一般情况下，在 24 h 内仪器不需再标定。

三、PHS－3C 测量 pH 值

具体操作步骤如下：

1. 用蒸馏水清洗电极头部，再用被测溶液清洗三次。

2. 用温度计测出被测溶液的温度值。

3. 按"温度"键，使仪器显示为被测溶液温度值，然后按"确认"键。

4. 把电极插入被测溶液内，稳定后读出该溶液的 pH 值。

5. 使用结束后，用蒸馏水清洗电极头部，然后套上电极保护套即可。

第十一节　DDSJ－308A 型电导率仪的使用说明

一、电导率仪的工作原理

在电解质溶液中，带电的离子在电场影响下产生移动而传递电子，因此具有导电性。因为电导是电阻的倒数，因此，测定电导时是将两个电极插入溶液中，以测出两极间的电阻 R。根据欧姆定理，当温度一定时，R 与两电极的间距 L 成正比，与电极的截面积 A 成反比，

即
$$R = \rho \frac{L}{A} \tag{1-3}$$

式 1－3 中，ρ 为电阻率，其单位为 $\Omega \cdot cm$。以 $K = 1/\rho$，得到

$$R = \frac{L}{KA} \tag{1-4}$$

式 1－4 中，K 为电导率，是极板面积为单位面积、极板间距为单位距离时的电解质溶液具有的电导，单位为 $S \cdot m^{-1}$。由于电导的单位西门子太大，常用毫西门子（mS）、微西门子（μS）表示，它们间的关系是 $1S = 10^3 mS = 10^6 \mu S$。

电导率仪的工作原理如图 1－36 所示，由图可知：

$$U_m = \frac{UR_m}{R_x + R_m} = \frac{UR_m}{R_x + L/kA} \tag{1-5}$$

式 1－5 中，R_x 为电导池电阻，R_m 为分压电阻。

由电源发生的交流电压加到电导池电阻 R_x 和分压电阻 R_m 所组成的串联回路中时，如电导池电阻 R_x 越小，分压电阻 R_m 两端的电压 U_m 就越大，电压经转换器整流后推动直流电表，由电表可直接读出电导值。即 U、R_m、L、A 均不变，电导率 k 的变化引起 U_m 作相应的变化，所以通过测量 U_m 的大小，就可以知道液体电导率的数值。

而电解质水溶液导电能力的大小正比于溶液中电解质的含量。通过对电解质水溶液电导率的测定可以测定水溶液中电解质的含量。

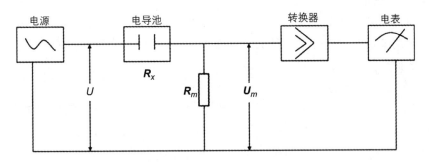

图 1-36　电导率仪的工作原理

二、DDSJ－308A 型电导率仪的使用

在电导池中，电极距离和面积是一定的，即 L/A 对某一电极来说是常数，称为电极常数。测定不同范围的电导率，通常根据表 1-5 选择相应电极常数的电导电极。

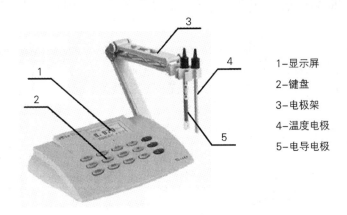

1-显示屏
2-键盘
3-电极架
4-温度电极
5-电导电极

图 1-37　DDSJ-308A 型电导率仪

表 1-5　电导率范围及对应电极常数推荐表

电导率范围（$\mu S \cdot cm^{-1}$）	使用的电极常数（cm^{-1}）
$2000 \sim 2 \times 10^5$	10
$100 \sim 10000$	1
$1 \sim 200$	0.1
$0 \sim 20$	0.01

1. 模式选择

按"测量转换"键可切换电导率、TDS、盐度三种测量模式，液晶显示器左上角会提示当前的测量模式。若温度电极不接入仪器，则温度显示为 25.0 ℃。

2. 设置电极常数

按"模式"键，再按"▲"或"▼"键选中"电极常数"，按"确定"键，仪器显示"电极常数设定"和"电极常数标定"，若设置电极常数，则按"▲"或"▼"键选中"电极常数设定"，按"确定"键，再按"▲"或"▼"键设定到所用电极的电极常数值。

3. 设置温度系数

按"模式"键，再按"▲"或"▼"键选中"温度系数"，按"确定"键，再按"▲"或"▼"键调节被测溶液的温度系数，从 0 到 0.10 可调。一般水溶液电导率值测量的温度系数 α 选择 0.02。

4. 测量

设定好后先用蒸馏水清洗电极，再用待测溶液清洗三次电极。然后将电导电极和温度电极一起浸入待测溶液中，读数稳定后即可读数。若将温度电极拔去，仪器则认为温度为 25 ℃，此时仪器所显示的电导率值是未经温度补偿的绝对电导率值。

三、仪器的维护

1. 电极的连接须可靠，防止腐蚀性气体侵入。

2. 开机前，须检查电源是否接妥。

3. 接通电源后，若显示屏不亮，应检查电源器是否有电输出。

4. 对于高纯水的测量，须在密闭流动状态下测量，且水流方向应对着电极，流速不宜太高。

5. 如仪器显示"溢出"，则说明所测值已超出仪器的测量范围，此时用户应马上关机，并换用电极常数更大的电极，然后再进行测量。

6. 电导率超过 3000 $\mu S \cdot cm^{-1}$ 时，为保证测量精度，最好使用 DJS—1C 型铂黑电极进行测量。

第十二节　VIS－7200A 型分光光度计的使用说明

一、分光光度计的工作原理

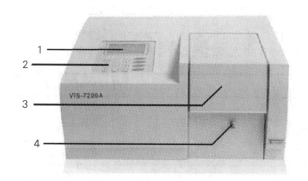

1–显示屏
2–操作键
3–样品室
4–手动推拉杆

图 1－38　VIS－7200A 型分光光度计

分光光度计的基本工作原理是基于物质对光（对光的波长）的吸收具有选择性，不同的物质都有不同的吸收光带，所以当光色散后的光谱通过某一溶液时，其中某些波长的光线就会被溶液吸收。

随着现代科技的发展和进步，分光光度法的测试手段也在不断改进，但最根本的依据依然是著名的朗伯－比尔定律：

$$A = kbc$$

(1—6)

式 1—6 中 A 为被测物质对单色光的吸光度值，k 为被测物质的吸收系数，与入射光波长及被测物质的特性有关，b 为被测物质的厚度，与比色皿的尺寸有关，c 为被测物质的浓度。由上式可以得出：当入射光波长和液层厚度一定时，溶液的吸光度 A 只与溶液的浓度 c 成正比。实际测试时，单色光通过样品后到达光电池，由光电池转换成光电流，而光功率电流的强弱决定了吸光度值 A 的大小。假定通过参比样品的光电流为 I_0，通过待测样品的光电流为 I，则两者之比就是透射比，表示为 τ（或 $T\%$）$\tau = I/I_0 \times 100\%$

朗伯—比尔定律的贡献就是发现了透射比的负对数值与物质的浓度成正比关系，所以 $A = -\lg\tau$ 或 $-\lg(I/I_0) = kbc$。同时，不同的物质对不同波长的单色光有不同的吸光度值，这一变化特征就是分光光度法用于物质定性定量分析的理论基础。

所以对于一台分光光度计，最基本的要求就是能准确地获得样品在特定波长下的吸光度值，或者是样品在特定光谱波长范围内的吸光度值变化曲线图（光谱特性谱图）。就单光束分光光度计而言，先扫描参比样品，将得到的参比谱线储存，然后对待测样品进行扫描，在每个光谱点上取出参比谱线中对应的参比值进行计算，就得到了光谱特性谱图。

下面介绍一下本仪器的光学系统：

由卤钨灯 W，聚光透镜组成本仪器的光源系统。其作用就是为了把卤钨（可见光源）发出的光能量汇聚在单色器的入射狭缝上。

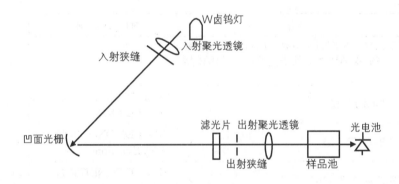

图 1-39　VIS 7200A 分光光度计光路图

由入射聚光透镜、入射狭缝、出射狭缝、凹面光栅、出射聚光透镜及滤色片组成本仪器的单色器系统，波长的改变是采用正弦机构来实行的，当外部的波长步进电机转动时，便带动单色器内的丝杆转动，使丝杆上的螺母滑块发生前后移动，从而使与滑块紧靠在一起的摆杆被带动向左右移动，并带动了光栅的转动。波长的变化与光栅转角成正弦关系。随着光栅的转动，被色散后的光谱彩带就在出射狭缝口左右移动，您可在出射狭缝口外得到不同波长的单色光谱线，也称为单色光束。光栅和滤色片组分别由两个称为波长步进电机和滤色片步进电机来变换位置，自然这两个电机也是由微处理系统控制的。

由一块汇聚凸面镜和比色池组成了仪器的样品室单元，凸面镜的作用在于汇聚出射光，使之为最细小面积，以利于微量分析。

二、仪器的操作

1. 单点波长定量分析

单点波长定量分析是指将波长定在某一点的分析测试方法。常用的方法有两种：一是单波长光度 ABS 值测定，二是单波长透射比 $T\%$ 值测定。

- 工作范围

a. 波长范围: 330.0～800.0 nm;

b. 吸光度（A）范围: -0.170～2.000;

c. 透射比（T）范围: 0.0%～150%

- 工作基本流程

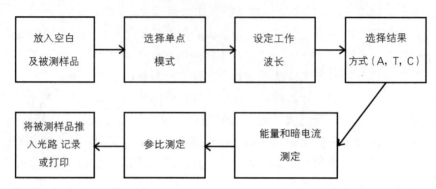

（1）单波长光度 ABS 值测定

在设定波长下进行样品 ABS 值测定。以波长 460.0 nm 为例，说明如何做单点波长 ABS 值测定。

步骤	操作	对应 LCD 显示	注释
1	将参比样品与被测样品放入四联装吸收池架内，请确保参比样品处于光路中，关闭样品室盖子		
2	按"MODE"键	SELECT MODE SINGLE PIONT	至功能选择状态
3	按"ENTER"键	SINGLE CONDITION WAVE 0.0 nm	至波长设定状态
4	依次按键"4""6""0"	SINGLE CONDITION WAVE 460 nm	输入所用的单点波长
5	按"ENTER"键	WAVE 460 nm MEAS UNIT ABS	至选择输出方式状态
6	按两次"ENTER"键，此时可将参比样品处于光路中	NOW TESTING ENERGY & BLANK PRESEE ENTER	指示输入完成，可进入工作
7	请确保此时参比样品处于光路中		
8	按"ENTER"键，丝杆移动至 460.0nm 处	ABS 0.000 —ENERGY— ＊ ＊ ＊ ＊	此时仪器在自动校正电流能量，请稍等
9	待 LCD 显示的吸光度数值稳定后，按"0"键	ABS 0.000 —DARK— ＊ ＊ ＊ ＊	此时仪器在自动校正暗电流

步骤	操作	对应 LCD 显示	注释
10	待"DARK"变成"ENERGY"，且 LCD 上显示的吸光度数值稳定后，按"1 键	ABS 0.000 —ENERGY— ＊＊＊＊	校正参比
11	将第一号被测样品推入光路	ABS ＊.＊＊＊	此时显示的＊＊.＊为被测样品的吸光度
12	待吸光度数据稳定后，按"ENTER"键	SAMPLE NO 1 ABS ＊.＊＊＊	将该被测样品的吸光度数据储存下来
13	将第二号被测样品推入光路，待吸光度数据稳定后，按两次"ENTER"键	SAMPLE NO 2 ABS ＊.＊＊＊	储存第二个被测样品的吸光度数据
14	如果被测样品超过两个，反复 11～13 步骤将所有被测样品测量完毕		
15	注：若再按"SE/."。重新进行 T，A 方式转换。在浓度方式请参考单点波长浓度直读。		
16	按"PRINT"键将所要的数据打印下来		
17	取出样品室中的样品，测量完毕		

（2）单点透射比测试

在设定波长下进行样品透射比测试。以波长 500.0 nm 为例，说明如何做单点波长测试透射比。

步骤	操作	对应 LCD 显示	注释
1	将参比样品与被测样品放入四联装吸收池架内，请确保参比样品处于光路中，关闭样品室盖子		
2	按"MODE"键	SELECT MODE 1. SINGLE PIONT 2. …………	至功能选择状态
3	按"ENTER"键	SINGLE CONDITION WAVE 0.0 nm	至波长设定状态
4	依次按键"5""0""0"	SINGLE CONDITION WAVE 500 nm	输入所用的单点波长
5	按"ENTER"键	WAVE 500 nm MEAS UNIT ABS	至选择输出方式状态
6	按"./SEL"键	WAVE 500 nm MEAS UNIT T%	选择 T% 输出方式
7	按"ENTER"键	NOW TESTING ENERGY & BLANK PRESEE ENTER	指示输入完成，可进入工作

步骤	操作	对应 LCD 显示	注释
8	按"ENTER"键，丝杆移动至 500.0nm 处	$T\%$ 0.000 —ENERGY— ＊＊＊＊	此时仪器在自校能量，请稍等
9	待 LCD 显示的吸光度数值稳定后，按"0"键	$T\%$ 0.000 —DARK— ＊＊＊＊	此时仪器在自动校正电流
10	待"DARK"变成"ENERGY"，且 LCD 上显示的吸光度数值稳定后，按"1"键	$T\%$ 0.000 —ENERGY— ＊＊＊＊	校正参比
11	将第一号被测样品推入光路	$T\%$ ＊＊.＊	此时显示的＊＊.＊为被测样品的透过率
12	待光度数据稳定后，按"ENTER"键	SAMPLE NO 1 $T\%$ ＊＊.＊	将该被测样品的光度数据储存下来
13	将第二号被测样品推入光路，待光度数据稳定后，按两次"ENTER"键	SAMPLE NO 2 $T\%$ ＊＊.＊	储存第二个被测样品的光度数据
14	如果被测样品超过两个，反复 11～13 步骤将所有被测样品测量完毕		
15	注：若再按"SE/."。重新进行 T，A 方式转换。在浓度方式请参考单点波长浓度直读。		
16	按"PRINT"键将所要的数据打印下来		
17	取出样品室中的样品，测量完毕		

2. 谱图扫描定性分析

谱图扫描定性分析是指在一定波长范围内，波长对应于样品的透射比或吸光度的分析测试方法，即测试样品在不同波长下的透射比（或吸光度）。所得谱图可通过和标准样品谱图对比，对被测样品作定性分析。举例说明如何在 450.0～750.0 nm 区域内自动扫描（数据以吸光度方式输出，扫描步长为 0.2 nm），假定用户已准备好空白样品与一个被测样品。

步骤	操作	对应 LCD 显示	注释
1	将参比样品与被测样品放入四联装吸收池架内，请确保四联装吸收池架参比档比色皿处于光路中，关样品盒盖子		
2	按"MODE"键	SELECT MODE 1. SINGLE PIONT 2. …………	至功能选择状态
3	按"SE/."键，	WAVE SCAN	选择模式二：波长扫描模式
4	按"ENTER"键	WAVE START 800.0 nm	仪器预设置扫描起始波长为 800.0 nm

步骤	操作	对应 LCD 显示	注释
5	依次按键 "7" "5" "0" "SE/." "0"	WAVE START 750.0 nm	将自动扫描波长上限定为 750.0 nm
6	按 "ENTER" 键	WAVE END 330.0 nm	仪器预设置扫描结束波长为 330.0 nm
7	依次按键 "4" "5" "0" "SE/." "0"	WAVE END 450.0 nm	将自动扫描波长下限定为 450.0 nm
8	按 "ENTER" 键	STEP SET 1.0 nm	选择扫描速度
9	按 "SE/." 键两次	STEP SET 0.2 nm	选择扫描步长为 0.2 nm
10	按 "ENTER" 键	MEAS UNIT ABS	选择数据输出方式为吸光度方式
11	按 "ENTER" 键	ABS MAX 1.00	仪器预设置输出图谱 Y 轴上限为 1.00
12	依次按键 "3" "SE/." "0" "0"	ABS MAX 3.00	设置输出图谱 Y 轴上限为 3.00
13	按 "ENTER" 键	MABS MIN 0.0	仪器预设置输出图谱 Y 轴下限为 0.0
14	按 "ENTER" 键	PRESS "ENTER" TO START SCAN	此时也可将参比放入样品池
15	按 "ENTER" 键	TESTING ENGERGY	仪器自动对设定扫描波段作能量测试
16	此时必须确保参比纳入光路		
17	按 "ENTER" 键	TESTING REFERENCE	仪器自动对设定扫描波段作背景扣除
18	将被测样品 1 拉入光路		
19	按 "ENTER" 键	ABS 0.000	仪器自动对被测样品作谱线扫描
20	谱图扫描完后，按 "PRINT" 键	PRINT MODE PRINT GRAPH	选择打印方式，预选图形方式输出
21	按 "ENTER" 键	打印扫描谱图	
22	按 "PRINT" 键	PRINT MODE PRINT GRAPH	选择打印方式，预选图形方式输出
23	按 "SEL/." 键	PRINT MODE DISPLAY PEAK	峰值屏幕显示方式
24	按二次 "SEL/." 键	PRINT MODE LIST DATE	选择打印所有光谱数据值
25	按 "SEL/." 键	PRINT MODE PRINT PEAK	选择打印所有光谱峰值数据值
26	按 "ENTER" 键	打印	

步骤	操作	对应 LCD 显示	注释
27	将二号被测样品拉入光路，重复步骤 19～20，得出二号被测样品扫描谱图与吸收峰数据		
28	注：若再按"SE/."键则回至步骤 10 可进行 T、ABS 转换		
29	取出样品室中的试剂，测量完毕		

三、仪器的维护

1. 使用环境保持清洁，仪器的主机在不使用时可用布罩盖起来，以防灰尘堆积，长期存放，应在恒温干燥的室内为佳。

2. 仪器的键盘不宜用力过猛地按动，不能用笔或其他尖的物体按键。

3. 把样品置入比色池时应注意仔细小心，不要让溶液溅入样品室内，以防腐蚀，对于一些易挥发的样品，建议使用比色皿盖，以防挥发性气体（汽体）对测试准确度有影响。在换样品时请尽量减少比色皿盖开启的时间。

4. 手持比色皿时要接触"毛面"，切勿触及透光面，以免透光面被沾污或磨损。擦拭比色皿的透光面要用高级镜头纸。

5. 在测定一系列溶液的吸光度时，通常都是按由稀到浓的顺序进行。使用的比色皿必须先用待测溶液润洗 2～3 次。

6. 待测液加至比色皿约 3/4 高度处为宜。比色皿外壁的液体用吸水纸吸干。

7. 仪器中除光源室以外，任何光路部分的螺钉和螺母，都不要去松动，因为松动就意味着可能造成仪器内部光路的偏离，此时除非使用专门的设备来校正，否则无法使光学部分恢复到正确的位置。

8. 仪器中所有的镜面千万不能用手或较硬物体去接触，一旦留下痕迹，造成镜面污染，会产生严重的杂光及降低有效能量，以至造成人为报废。

9. 仪器搬动时应小心轻放，仪器上不可重压或放置重物，以免造成光路弯曲而影响稳定性和准确度。

10. 仪器不可在强光下工作，应在较暗的光线条件下工作，以保证测量工作的准确性。

11. 仪器连续使用时间不应超过 2 h，最好是间歇 30 min 再使用。仪器不能长久搁置不用，这样反而降低寿命，若一段时间不用，建议每周开机 1～2 次，每次半小时左右。

第二章 实验数据处理

为了巩固和加深学生对无机化学基本理论和基本概念的理解，无机化学实验中会安排一定数量的物理化学常数测定实验，由实验测得的数据经过计算处理可得到实验结果，这就对实验结果的准确度有一定的要求。因此在实验过程中，除要选用合适的仪器和正确的操作方法外，还要学会科学地处理实验数据，以使实验结果与理论值尽可能地接近。为此，需要掌握误差和有效数字的概念，以及正确的作图法，并把它们应用于实验数据的分析和处理中去。

第一节 误差与偏差

一、误差的概念

实验测定值与真实值之间的偏离称为误差。误差越小，表示测量值与真实值越接近，准确度越高。误差的表示方法有两种，即绝对误差与相对误差。

绝对误差是指测定值与真实值之间的差值。相对误差是指绝对误差与真实值之比。例：

真实值为 0.2000 g 的样品，称出的测定值为 0.2020 g

绝对误差 = 0.2020 − 0.2000 = 0.0020（g）

相对误差 = 0.0020/0.2000 = 1.0%

根据误差性质的不同，又可把误差分为系统误差、随机误差和过失误差三类。

系统误差是指由于测量工具（或测量仪器）本身固有误差、测量原理或测量方法本身理论的缺陷、实验操作及实验人员本身心理和生理条件的制约而带来的测量误差。系统误差不能通过增加测定次数来消除，只能通过选择好的分析方法、校正仪器、提纯试剂、提高操作者水平、保持环境稳定等来使其降低。

随机误差也叫偶然误差，是由于某些无法控制的因素的随机波动而形成的误差。随机误差来源于环境温度、湿度的变化、仪器性能的微小波动、电压的变化、大地振动、气压变化、操作者操作的微小差别等。由于这些因素无法控制，时大时小，随机波动，所以随机误差时大时小，时正时负，处于波动变化之中。一般可通过多次测量取算术平均值来减小这种误差。

过失误差是由于工作失误造成的误差。如操作不正确、读错数据、加错试剂、计算错误等。这种误差纯粹是人为造成的，只要严格按操作规程进行，加强责任心，是完全可以避免的。

二、准确度与误差

测量值与真实值相接近的程度称为准确度，测量值与真实值越接近，测定结果的准确度越高。

要提高测量结果的准确度，必须尽可能地减少系统误差、随机误差和过失误差。通过多次实验，取其算术平均值作为测量结果，严格按照操作规程认真进行测量，就可以减小随机误差和消除过失误差。在测量过程中，提高准确度的关键就在于减小系统误差。减小系统误差，通常采取以下三种措施：

1. 校正测量方法和测量仪器

可用国标法与所选用的方法分别进行测量，将结果进行比较，校正测量方法带来的误差。对准确度要求高的测量，可对所用仪器进行校正，求出校正值，以校正测量值，提高测量结果的准确度。

2. 进行对照实验

用已知准确成分或含量的标准样品代替实验样品，在相同实验条件下，用同样方法进行测定，来检验所用的方法是否正确、仪器是否正常、试剂是否有效等。

3. 进行空白实验

空白实验是在相同测定条件下，用蒸馏水（或去离子水）代替样品，用同样的方法、同样的仪器进行实验，以消除由水质不纯所造成的系统误差。

三、偏差的概念

偏差又称为表现误差，是指个别测量值与测定的平均值之差。对于不知道真实值的场合，可以用偏差的大小来衡量测定结果的好坏。表示方法有绝对偏差和相对偏差。

绝对偏差是指单次测量值与平均值之差，相对偏差是指绝对偏差与平均值之比。

绝对偏差（d）＝ 单次测量值（X）－ 平均值（$\overline{X}$）

相对偏差（dr）＝ 绝对偏差（d）／ 平均值（$\overline{X}$）

四、精密度与偏差

精密度指的是测量结果相互接近的程度（再现性或重复性），用偏差来表示，偏差越小说明分析结果精密度越高，所以偏差的大小是衡量精密度高低的尺度。为了说明测量结果的精密度，也可以用平均偏差、相对平均偏差、标准偏差来表示。

平均偏差 $\overline{d} = \dfrac{|d_1| + |d_2| + \cdots + |d_n|}{n}$

相对平均偏差 $= \dfrac{\overline{d}}{x} \times 100\%$

标准偏差 $s = \sqrt{\dfrac{d_1^2 + d_2^2 + \cdots + d_n^2}{n-1}} = \sqrt{\dfrac{\sum\limits_{i=1}^{n} d_i^2}{n-1}}$

式中：n —— 测量次数；

$\qquad d_1$ —— 第一次测量的绝对偏差；

$\qquad d_n$ —— 第 n 次测量的绝对偏差。

第二节　有效数字及其运算规则

一、有效数字定义

有效数字就是实际能测量到的具有实际意义的数字。有效数字的位数和分析过程所用的分析方法、测量方法及测量仪器的准确度有关。有效数字由全部准确数字和最后一位不确定数字组成。有效数字位数的多少反映了测量的准确度，在测定准确度允许的范围内，数据中有效数字的位数越多，表明测定的准确度越高。

在没有搞清有效数字含义之前，有人错误地认为，测量时，小数点后的位数越多或在计算中保留的位数越多，准确度就越高。其实二者之间无任何联系。小数点的位置只与单位有关，如 125 mg，也可以写成 0.125 g，也可以写成 1.25×10^{-4} kg，三者的精密度完全相同，都是 3 位有效数字。

二、有效数字位数的确定原则

1. "0" 在数字中是否是有效数字，与 "0" 在数字中的位置有关。"0" 在数字之前，仅起定位作用，不是有效数字。如 0.0341 有 3 位有效数字，数字前的 0 不是有效数字。"0" 在数字中或数字之后，则是有效数字，如 1.0052 中两个 "0" 都是有效数字，1.0052 是 5 位有效数字；再如 1.20 是 3 位有效数字。但以 "0" 结尾的正整数，有效数字的位数不定。如 25000，可能是 2 位、3 位、4 位甚至 5 位有效数字。这种数应根据有效数字情况改写为指数形式。如果是 2 位有效数字，则写成 2.5×10^4；如果是 3 位有效数字，则写成 2.50×10^4。

2. 若第一位有效数字是 8 或 9，其有效数字位数可以多算一位。例如，82 可以认为是 3 位有效数字；9.42 可以认为是 4 位有效数字。

3. 倍数、分数关系可看成无限多位有效数字。

4. pH、pM、$\lg c$、$\lg K$ 等对数值，它们有效数字的位数仅取决于小数部分的位数，整数部分只说明该数的次方，为定位数字，不是有效数字。例：pM＝5.00（二位）；[M]＝1.0×10^{-5}（二位）；pH＝10.34（二位）；pH＝0.03（二位）。

三、有效数字的运算规则

1. 有效数字的取舍规则

记录和计算结果所得的数值，均只保留 1 位可疑数字。当有效数字的位数确定后，多余数字（尾数）应按照 "四舍六入五留双" 的修约规则舍去。即当尾数≤4 时舍去；尾数≥6 时进位；当尾数恰为 5 时，则看尾数前一位是奇数还是偶数，若为奇数则进位，若为偶数则舍去。

2. 加减法运算规则

先按小数点后位数最少的数据保留其他各数的位数，再进行加减计算，计算结果也使小数点后保留相同的位数。

例：计算 55.1＋4.25＋1.5213＝？　修正后约为：55.1＋4.2＋1.5 ＝ 60.8

3. 乘除法运算规则

先按有效数字位数最少的数据保留其他各数，再进行乘除运算，计算结果仍保留相同有效数字。

例：计算 $0.0121×25.64×1.05782＝?$　　修正后约为：$0.0121×25.6×1.06＝?$ 计算后结果为：0.3283456，结果仍保留为三位有效数字。记录为：$0.0121×25.6×1.06＝0.328$

[注意]　用计算器计算结果后，要按照运算规则对结果进行修正。例：计算 $2.5046×2.005×1.52＝?$　　修正后约为：$2.50×2.00×1.52＝?$　　计算器计算结果显示为 7.6，只有两位有效数字，但我们抄写时应在数字后加一个 0，保留三位有效数字。即：$2.50×2.00×1.52＝7.60$

第三节　处理数据的常用方法

数据处理贯穿于从获得原始数据到得出结论的整个实验过程。包括数据记录、整理、计算、作图、分析等涉及数据运算方面的处理方法。常用的数据处理方法有列表法、作图法。

一、列表法

列表法是将实验所获得的数据用表格的形式进行排列的数据处理方法。列表法的作用有两种：一是记录实验数据，二是能显示出变量间的对应关系。其优点是，能对大量的杂乱无章的数据进行归纳整理，使之既有条不紊，又简明醒目；既有助于表现变量之间的关系，又便于及时地检查和发现实验数据是否合理，减少或避免测量错误；同时，也为作图法等数据处理奠定了基础。

列表的要求是：

1. 列表设计要合理，以利于记录、检查、运算和分析。要写出所列表的名称，要简单明了，便于看出有关量之间的关系。

2. 列表要在标题栏中注明物理量名称、符号、数量级和单位等。

3. 列表的形式不限，根据具体情况，决定列出哪些项目。有些个别的或与其他项目联系不大的数据可以不列入表内。列入表中的除原始数据外，计算过程中的一些中间结果和最后结果也可以列入表中。

4. 表中所列数据要正确反映测量结果的有效数字。

二、作图法

作图法是在坐标纸上用图线表示物理量之间的关系，揭示物理量之间的联系。作图法有简明、形象、直观、便于比较和研究实验结果等优点，它是一种最常用的数据处理方法。

在作图时必须遵守以下规则：

1. 作图必须用坐标纸。当决定了作图的参量以后，根据情况选用直角坐标纸、极坐标纸或其他坐标纸。

2. 坐标应取得适当。要与测量精度相符，使作图的曲线充分利用图纸面积，分布合理。

3. 标明坐标轴。对于直角坐标系，要以自变量为横轴，以因变量为纵轴。用粗实线在坐标纸上描出坐标轴，标明其所代表的物理量（或符号）及单位，在轴上每隔一定间距标明该物理量的数值。

4. 若在同一图纸上画几条直（曲）线时，线的代表点需用不用的符号表示，如"＋""×""⊙"和"Δ"等。

5. 把实验点连接成图线。由于每个实验数据都有一定的误差，所以图线不一定要通过每个实验点。应该按照实验点的总趋势，把实验点连成光滑的曲线（仪表的校正曲线不在此列），使大多数的实验点落在图线上，其他的点在图线两侧均匀分布，这相当于在数据处理中取平均值。对于个别偏离图线很远的点，要重新审核，进行分析后决定是否应剔除。

在确信两物理量之间的关系是线性的，或所有的实验点都在某一直线附近时，将实验点连成一直线。

6. 作完图后，在图的下方标明图名和必要的图注，以及重要的实验条件。

第三章 基本操作与制备实验

实验1 硫酸铜的提纯

☙**实验目的**

1. 了解用重结晶法提纯物质的原理；

2. 学习常压过滤、减压过滤以及称量、加热、溶解、蒸发、浓缩等基本操作。

☙**实验原理**

粗硫酸铜中含有不溶性杂质和可溶性杂质离子 Fe^{2+}、Fe^{3+} 等，不溶性杂质可用过滤法除去。可溶性杂质离子 Fe^{2+} 常用氧化剂 H_2O_2 氧化成 Fe^{3+}，然后调节溶液的 PH 值（一般控制在 pH＝3.5～4.0），使 Fe^{3+} 水解成为 $Fe(OH)_3$ 沉淀而除去，反应如下：

$$2Fe^{2+}＋H_2O_2＋2H^+＝2Fe^{3+}＋2H_2O$$

$$Fe^{3+}＋3H_2O＝Fe(OH)_3\downarrow＋3H^+$$

除去铁离子后的滤液经蒸发、浓缩，即可制得五水硫酸铜结晶。其他微量杂质在硫酸铜结晶时，留在母液中，过滤时可与硫酸铜分离。

☙**仪器和试剂**

1. 仪器

台秤，烧杯，量筒，玻璃棒，洗瓶，点滴板，石棉网，铁架台，铁圈，蒸发皿，漏斗和漏斗架，布氏漏斗，吸滤瓶，循环水泵。

2. 试剂

粗 $CuSO_4$，$H_2O_2(3\%)$，$H_2SO_4(1\ mol \cdot L^{-1})$，$NaOH(1\ mol \cdot L^{-1})$。

其他：滤纸，广泛 pH 试纸(1～14)，精密 pH 试纸 (2.7～4.7)。

☙**实验步骤**

称取 10 g 由实验室提供的粗 $CuSO_4$ 晶体放在小烧杯中，加入 30 mL 蒸馏水，搅拌，促使其溶解。再滴加 1 mL 3% H_2O_2，将溶液加热，使 Fe^{2+} 氧化成 Fe^{3+}；用精密 pH 试纸测试溶液 pH 值，如果氧化后溶液的 pH 值很低，可在不断搅拌下，逐滴加入 1.0 mol · L^{-1} NaOH 溶液，直到 pH 为 3.5～4.0，再加热 2 min，静置，使 Fe^{3+} 水解生成$Fe(OH)_3$ 沉淀，趁热常压过滤，滤液转移到洁净的蒸发皿中。

在精制后的硫酸铜滤液中滴加 2～3 滴 1 mol · L^{-1} H_2SO_4 溶液酸化，调节 pH 至 1～

2，然后加热蒸发（注意加热时间不要太长），先大火加热，沸腾后小火加热，当浓缩至液面出现一层晶膜时，即停止加热，然后冷却至室温，抽滤，取出 $CuSO_4$ 晶体，转移到干净的表面皿上，称重。

思考题

1. 在调节溶液 pH 值时要注意哪些方面？
2. 怎样正确使用煤气灯？
3. "侵入火焰"是怎样发生的？如何避免和处理？
4. 粗硫酸铜中杂质 Fe^{2+} 为什么要氧化为 Fe^{3+} 后再除去？而除去 Fe^{3+} 时，为什么要调节溶液的 pH 值为 4 左右？pH 值太大或太小有什么影响？
5. 精制后的硫酸铜溶液为什么要滴几滴 $1\ mol \cdot L^{-1}\ H_2SO_4$ 酸化，然后再加热蒸发？
6. $CuSO_4$ 溶液浓缩时为什么不能蒸干？

注：实验报告在 153 页。

实验 2　硫酸铝钾的制备

实验目的

1. 了解金属铝和氢氧化铝的两性以及复盐的相关知识；
2. 掌握从铝单质制备硫酸铝钾的原理和方法；
3. 熟练掌握固体溶解、加热蒸发、减压过滤以及结晶等基本操作。

实验原理

十二水合硫酸铝钾 $[KAl(SO_4)_2 \cdot 12H_2O]$，俗称明矾，是含有结晶水的硫酸钾和硫酸铝的复盐。明矾的用途非常广泛，通常在工业上用作印染媒染剂和净水剂，医药上用作收敛剂，食品工业中用作膨松剂及色谱分析试剂等。

明矾的制备方法包括酸法和碱法。在酸法制备中铝可与稀硫酸反应，但反应速度很慢，因此，在实际反应中需要加入催化剂，如 $FeCl_3$ 或者 $HgCl_2$ 等，来提高金属铝在稀 H_2SO_4 中的溶解能力。在碱法制备中铝可以很快溶解在强碱溶液中生成可溶性的四羟基合铝(Ⅲ)酸钾 $K[Al(OH)_4]$。铝片中可能含有的杂质（Fe、Mn、Mg 等）在强碱溶液中可以形成氢氧化物或者氧化物沉淀，通过常压过滤可以将它们除去。铝片中的其他杂质如 Cr、Zn 以及 Si 等可溶于强碱溶液的杂质可在最后的重结晶步骤中除去。向生成的四羟基合铝(Ⅲ)酸钾溶液中加入一定量稀 H_2SO_4 至溶液的 pH 值为 8～9，即有絮状的 $Al(OH)_3$ 沉淀产生，再加入过量的稀 H_2SO_4，$Al(OH)_3$ 溶解，生成 $Al_2(SO_4)_3$，$Al_2(SO_4)_3$ 可与 K_2SO_4 在水溶液中结合生成溶解度较小的复盐，称为明矾。当溶液冷却时，明矾则以大块晶体结晶出来。

制备中的化学反应如下：

$$2Al+2KOH+6H_2O = 2K[Al(OH)_4]+3H_2\uparrow \qquad (1)$$

$$2K[Al(OH)_4]+H_2SO_4 = 2Al(OH)_3\downarrow+K_2SO_4+2H_2O \qquad (2)$$

$$2Al(OH)_3+3H_2SO_4 = Al_2(SO_4)_3+6H_2O \qquad (3)$$

$$Al_2(SO_4)_3+K_2SO_4+24H_2O = 2KAl(SO_4)_2 \cdot 12H_2O \qquad (4)$$

本实验将从单质铝出发，制备硫酸铝钾以及培养硫酸铝钾大晶体。

♨仪器和试剂

1. 仪器

台称，循环水泵，烧杯，玻璃棒，玻璃漏斗，量筒，抽滤瓶，布氏漏斗，滴管，玻璃培养皿，恒温水浴。

2. 试剂

KOH，金属铝，H_2SO_4（$3 \ mol \cdot L^{-1}$），乙醇。

其他：pH试纸，涤纶线，滤纸。

♨实验步骤

1. 制备四羟基合铝（Ⅲ）酸钾水溶液

称取2 g KOH固体，放入100 mL烧杯中，加入25 mL蒸馏水使之溶解。再称取1 g金属铝片，分两次加入到溶液中（注意：反应比较剧烈，溶液容易溅出；另外，反应过程中有氢气生成并逸出，要远离明火！）。当不再有氢气逸出时，表示反应完全，静置。向溶液中加入10 mL去离子水，抽滤，将滤液转入烧杯中。

2. 硫酸铝钾的制备

向上述溶液中缓慢滴加$3.0 \ mol \cdot L^{-1} \ H_2SO_4$，并不断搅拌。加酸过程中注意观察白色的$Al(OH)_3$沉淀生成，随后又慢慢溶解（pH≈2～3）。然后将溶液加热几分钟（不用沸腾），冷却至室温后，放入冰浴中进一步冷却，结晶。减压抽滤，所得晶体用10 mL乙醇洗涤2次，将晶体用滤纸吸干，称重。

3. 硫酸铝钾大晶体的制备

（1）硫酸铝钾晶种的培养

根据硫酸铝钾的溶解度数据，配置100 mL硫酸铝钾在50 ℃时的饱和溶液（加入硫酸铝钾的量比理论计算值多5%），将溶液加热至70～80 ℃，然后让溶液冷却至50 ℃，常压过滤，去除多余的固体。将滤液放入玻璃培养皿中，室温下自然冷却，一天后，玻璃皿底部和壁上会有许多晶体析出。选择晶形完整的晶体作为晶种，用涤纶细线把晶种系好，剪去余头，缠在玻璃棒上，备用。

（2）硫酸铝钾大晶体的制备

首先制备45 ℃的硫酸铝钾的饱和溶液（饱和溶液制法同上）。将晶种轻轻悬吊在已过滤的饱和溶液的正中间（不得靠近烧杯壁、杯底）。此时应仔细观察晶种是否有溶解现象，如果有，应立即取出晶种，待溶液温度进一步降低，晶种不发生溶解时，再将晶种重新吊入溶液中。在结晶过程中，烧杯口盖上一块滤纸，中间开一个小孔，让绑有晶种的涤纶线穿过，玻璃棒架在烧杯上并压住滤纸，以防止灰尘落下。观察晶体的缓慢生长。数天后，可得到棱角完整齐全、晶莹透明的大块晶体。

表 2—1　相关盐在不同温度下的溶解度（g/100g H_2O）

温度/℃ 物质	0	10	20	25	30	40	50	60	70	80	90
K_2SO_4	7.35	9.22	11.11	12.0	12.97	14.76	16.56	18.17	19.75	21.4	22.4
$Al_2(SO_4)_3 \cdot 18H_2O$	31.2	33.5	36.4	38.5	40.4	45.7	52.2	59.2	66.2	73.1	86.8
$KAl(SO_4)_2 \cdot 12H_2O$	3	4	5.9	7.2	8.4	11.7	17	24.8	40	71	109

思考题

1. 为什么用碱可以溶解铝？
2. 在制备硫酸铝钾的过程中，需要将 $Al(OH)_3$ 沉淀分离出来洗涤后再用硫酸溶解吗？

实验 3　硫代硫酸钠的制备及性质分析

♨实验目的

1. 了解硫代硫酸钠的基本性质；
2. 了解硫代硫酸钠的制备原理和方法；
3. 练习蒸发浓缩、常压过滤、减压抽滤等基本操作。

♨实验原理

硫代硫酸钠（$Na_2S_2O_3 \cdot 5H_2O$）俗称大苏打或海波，是无色结晶或白色颗粒。易溶于水，难溶于乙醇，在酸性条件下极不稳定，易分解。

亚硫酸钠溶液在沸腾温度下与硫粉化合，可制得硫代硫酸钠：

$$Na_2SO_3 + S = Na_2S_2O_3$$

常温下从溶液中结晶出来的硫代硫酸钠为 $Na_2S_2O_3 \cdot 5H_2O$。

$Na_2S_2O_3 \cdot 5H_2O$ 的熔点是 48 ℃，加热至 100 ℃ 时失去全部结晶水成为无水硫代硫酸钠（$Na_2S_2O_3$）。

硫代硫酸钠具有很大的实用价值。在分析化学中用来定量测量碘，在纺织工业和造纸工业中用作脱氯剂，在医药中用作急救解毒剂。

♨仪器和试剂

1. 仪器

台称，布氏漏斗，抽滤瓶，真空泵，离心机，烧杯，量筒，漏斗，滤纸，蒸发皿，表面皿，试管，石棉网，煤气灯。

2. 试剂

亚硫酸钠 Na_2SO_3（无水），硫粉 S，乙醇（95%）活性炭，盐酸 $HCl(1.0\ mol \cdot L^{-1})$，碘溶液 I_2-KI（w 为 1% I_2），淀粉溶液（w 为 2%），硝酸银 $AgNO_3(0.1\ mol \cdot L^{-1})$，溴化钾 $KBr(1.0\ mol \cdot L^{-1})$

实验步骤

1. 硫代硫酸钠的制备

称取 2 g 硫粉，研碎后置于 100 mL 烧杯中，加 1 mL 乙醇使其润湿并充分搅拌均匀，再加入 6 g Na_2SO_3 和 50 mL 水。加热混合物并不断搅拌，待溶液沸腾后改用小火加热，保持微沸状态约 1 h，直至仅有少许硫粉悬浮于溶液中（此时溶液体积不要少于 20 mL，如太少，可在反应过程中适当补加些水）。加入 1 g 活性炭作脱色剂，继续煮沸约 5 min。趁热过滤，将滤液转移至蒸发皿中，加热蒸发浓缩至液体表面出现晶膜为止。冷却至室温，抽滤，并用少量 95% 乙醇洗涤晶体，抽干后，称量，计算产率。

2. 硫代硫酸钠的性质

称取 1.0 g 新制备的硫代硫酸钠晶体，用 10 mL 蒸馏水溶解后备用。

（1）在试管中加入 2 mL 配制好的硫代硫酸钠溶液，滴加 2 mL 1.0 $mol \cdot L^{-1}$ 盐酸溶液，振荡后观察现象，写出反应方程式。

（2）在试管中加入 1 mL 水，5 滴碘水（I_2-KI 溶液），2 滴淀粉溶液，观察现象。在上述溶液中逐滴加入新配制好的硫代硫酸钠溶液，观察现象，写出反应方程式。

（3）取两支离心试管，各加入 1 mL 水，5 滴 0.1 $mol \cdot L^{-1}$ $AgNO_3$ 溶液，然后在一支离心试管中加 5 滴 1.0 $mol \cdot L^{-1}$ HCl 溶液，在另一支离心试管中加 5 滴 1.0 $mol \cdot L^{-1}$ KBr，振荡后观察现象。将反应物置于离心机中离心，弃去上层清液后，往离心试管中加入约 1 mL 配制好的硫代硫酸钠溶液，搅拌，观察沉淀是否溶解，并用反应方程式解释现象。

思考题

1. 为提高 $Na_2S_2O_3 \cdot 5H_2O$ 的产率与纯度，实验中需注意哪些问题？
2. 硫粉稍有过量，为什么？为什么加入乙醇？目的何在？
3. 所得产品 $Na_2S_2O_3 \cdot 5H_2O$ 晶体一般只能在 40～45 ℃烘干，温度高了，会发生什么现象？

实验 4　磷酸二氢钠与磷酸氢二钠的制备

实验目的

1. 复习与巩固多元酸的电离平衡与 pH 值的关系；
2. 了解 $NaH_2PO_4 \cdot 2H_2O$ 和 $Na_2HPO_4 \cdot 12H_2O$ 的制备，加深对磷酸盐性质的认识。

⚒实验原理

磷酸是一个三元酸，当用碳酸钠中和掉它的一个氢离子（pH 值约为 4.2～4.6），浓缩结晶后得到的是磷酸二氢钠 $NaH_2PO_4 \cdot 2H_2O$；如果中和掉磷酸的二个氢离子（pH 值约为 9.2），则浓缩后得到的是磷酸氢二钠 $Na_2HPO_4 \cdot 12H_2O$。以上两种磷酸盐晶体皆易溶于水，难溶于乙醇。

$NaH_2PO_4 \cdot 2H_2O$ 为无色菱形晶体，熔点为 57.4 ℃，100 ℃时脱水，200 ℃时分解，生成焦磷酸二氢钠 $Na_2H_2P_2O_7$。$Na_2HPO_4 \cdot 12H_2O$ 为无色透明单斜晶系菱形晶体，在空气中迅速风化，失去部分结晶水。熔点为 38 ℃，晶体加热至 40 ℃时，完全溶解于它的结晶水中并呈碱性（0.1～1.0 $mol \cdot L^{-1}$ 溶液的 pH 值约为 9.0）。100 ℃时脱水，250 ℃时分解，生成无色单斜晶体焦磷酸钠 $Na_4P_2O_7$。

磷酸盐（包括 NaH_2PO_4、Na_2HPO_4 和 Na_3PO_4）溶液与 $AgNO_3$ 溶液反应均生成黄色的 Ag_3PO_4 沉淀。

⚒仪器和试剂

1. 仪器

台秤，烧杯，水循环真空泵，吸滤瓶，布氏漏斗，量筒，蒸发皿，表面皿。

2. 试剂

磷酸，无水碳酸钠，$NaOH(6 \ mol \cdot L^{-1})$，$AgNO_3(0.1 \ mol \cdot L^{-1})$，乙醇（95%）。

其他：精密 pH 试纸（2.7～4.7、8.2～10.0），广泛 pH 试纸，冰。

⚒实验步骤

1. $NaH_2PO_4 \cdot 2H_2O$ 制备

用量筒量取 10 mL 磷酸转入烧杯中，加入 80 mL 水，搅拌均匀后缓慢地分批加入无水碳酸钠（约 9g 左右），调节溶液的 pH 值至 4.2～4.6（先用广泛 pH 试纸，最后用精密 pH 试纸测试）。将溶液转移至蒸发皿中，用水浴蒸发至表面有较厚的晶膜生成（此时溶液的总体积约为原溶液体积的 1/2 左右）。停止加热，待稍冷后置于冰水浴中冷却至室温以下。待晶体析出后，抽滤，晶体用少量 95%乙醇洗涤 2～3 次，每次用量约 3～5 mL。取出晶体，称重，取少量晶体溶于水，用精密 pH 试纸测定溶液的 pH 值。

2. $Na_2HPO_4 \cdot 12H_2O$ 制备

量取 5 mL 磷酸并加入 70 mL 水，搅拌均匀。用 6 $mol \cdot L^{-1}$ NaOH 溶液（30 mL 左右）调节溶液的 pH 值。当溶液 pH 值升至 7～8 时，改用稀的 NaOH 溶液（可将原 NaOH 溶液稀释至约 2 $mol \cdot L^{-1}$）缓慢地将 pH 值调至为 9.2（若超过，可用磷酸调回）。将溶液转移至蒸发皿中，用水浴蒸发浓缩至表面刚有微量晶体出现（不可过分浓缩），停止加热，冷至室温（冷却时，应不时搅拌，以防晶体结块）。抽滤，用少量乙醇洗涤晶体 2～3 次（用量同上）。取出晶体，称重。取少量晶体溶于水，测定溶液的 pH 值。

思考题

1. 一瓶无色晶体，如何鉴别它是 NaH_2PO_4、Na_2HPO_4 还是 Na_3PO_4？

第四章 基本原理实验

实验 5 化学反应摩尔焓变的测定

☖ **实验目的**

1. 了解化学反应摩尔焓变或反应热效应的测定原理和方法；
2. 学习用作图外推法处理实验数据；
3. 练习准确浓度溶液配制的基本操作。

☖ **实验原理**

化学反应通常是在恒压条件下进行的，反应的热效应一般是指等压热效应，用 Q_p 表示；化学热力学中反应的焓变 $\Delta_r H_m^\theta$ 在数值上等于 Q_p，因此，通常可用量热的方法测定反应的焓变。对于吸热反应，$\Delta_r H_m^\theta > 0$；放热反应，$\Delta_r H_m^\theta < 0$。

反应焓变或反应热效应的测定原理是：设法使反应物在绝热条件下（反应系统不与量热计外的环境发生热量交换），仅在量热计中发生反应，使量热计及其内物质的温度发生改变。从反应系统前后的温度变化及有关物质的质量和比热，就可以计算出反应热。反应热使体系由始态（温度 T_1）变化到终态（温度 T_2），发生变化如下：

反应的溶液，由于温度由 T_1 升高到 T_2，吸收热量为 Q_1：

$$Q_1 = C_1 \cdot m \cdot (T_2 - T_1) = C_1 \cdot m \cdot \Delta T$$

量热杯（包括搅拌器、温度计），由于温度由 T_1 升高到 T_2，吸收热量为 Q_2：
$Q_2 = C_p \cdot (T_2 - T_1) = C_p \cdot \Delta T$，作为近似处理，可以忽略不计。

损失的热量为 Q_3，因密封等原因散发到周围环境中的很少部分热量，作为近似处理，可以忽略不计。所以，反应的恒压热效应 Q_p 为近似值：

$$Q_p = Q_1 + Q_2 + Q_3 \approx Q_1$$

本实验测定 $CuSO_4$ 溶液与 Zn 粉反应的焓变：

$$Cu^{2+}(aq) + Zn(s) = Cu(s) + Zn^{2+}(aq)$$

由于反应速率较快，并且能进行得相当完全。若使用过量 Zn 粉，$CuSO_4$ 溶液中 Cu^{2+} 可认为完全转化为 Cu。同时，系统中反应放出的热量等于溶液所吸收的热量。

简易量热计中，反应后溶液所吸收的热量为：

$$Q_p = m \cdot C \cdot \Delta T = V \cdot \rho \cdot C \cdot \Delta T$$

式中：m—溶液的质量（g）；

$\quad\quad$ C—溶液的质量热容（$J \cdot g^{-1} \cdot K^{-1}$）；

$\quad\quad$ ΔT—为反应前后溶液的温度之差（K），经温度计测量后由作图外推法确定；

$\quad\quad$ V—溶液的体积（mL）；

$\quad\quad$ ρ—溶液的密度（$g \cdot mL^{-1}$）。

设反应前溶液中 $CuSO_4$ 的物质的量为 n mol，则反应的摩尔焓变为：

$$\Delta_r H_m = \frac{-m \cdot C \cdot \Delta T}{n} = \frac{-V \cdot \rho \cdot C \cdot \Delta T}{n} \cdot \frac{1}{1000} \text{ kJ} \cdot \text{mol}^{-1} \tag{1}$$

设反应前后溶液的体积不变，则

$$n = c_{(CuSO_4)} \cdot \frac{V}{1000} \text{ mol}$$

式中，$c_{(CuSO_4)}$——反应前溶液中 $CuSO_4$ 的浓度（$mol \cdot L^{-1}$）

将上式代入式（1）中，可得

$$\Delta_r H_m = \frac{-V \cdot \rho \cdot C \cdot \Delta T}{\dfrac{c_{(CuSO_4)} \cdot V}{1000}} \cdot \frac{1}{1000} = \frac{-\rho \cdot C \cdot \Delta T}{c_{(CuSO_4)}} \text{ kJ} \cdot \text{mol}^{-1} \tag{2}$$

Zn 与 $CuSO_4$ 溶液反应的标准摩尔焓变理论值：

$$\Delta_r H_m^\theta(298.15) = \{\Delta_f H_m^\theta(Cu,s) + \Delta_f H_m^\theta(Zn^{2+},aq)\} - \{\Delta_f H_m^\theta(Cu^{2+},aq) + \Delta_f H_m^\theta(Zn,s)\}$$
$$= [0 + (-152.42)] - (64.81 + 0) = -217.23(\text{kJ} \cdot \text{mol}^{-1})$$

然而本实验中溶液反应的焓变是采用简易量热计测定。由于它并非严格绝热，在实验时间内，量热计不可避免地会与环境发生少量热交换；采用作图外推法做出的温度 ΔT 可适当地消除这一影响。外推法就是将测量数据间的函数关系外推至测量范围以外，以求得测量范围以外的函数值。在保证系统与环境热交换量不变的前提下，将混合过程外推为瞬间完成（可视这一瞬间系统与环境无热交换）而确定出合理的初、终温度，或者可以认为系统内部的热交换混合过程在瞬间完成，而在这一瞬间系统与环境之间还来不及发生热交换。当使用外推法时，近似认为反应在平均温度（最低温度和最高温度的平均值）下瞬间完成，此时得到的初、终温度最为合理。

☙仪器和试剂

1. 仪器

台称，分析天平，烧杯，试管，试管架，滴管，移液管，容量瓶，洗瓶，玻璃棒，精密温度计(0~50 ℃，具有0.1 ℃分度)，秒表，量热计。（注意：利用保温杯作量热计时，杯口橡皮塞的大小要配制适合，并于塞中开一个插温度计的孔，孔的大小要适当，不要太紧或太松。搅拌方式可采用磁力搅拌器或手握保温杯震荡。）

2. 试剂

硫酸铜 $CuSO_4 \cdot 5H_2O$，锌粉，硫化钠($0.1 \text{ mol} \cdot L^{-1}$)。

实验步骤

1. 配制硫酸铜溶液（准确浓度）

经计算配制 250 mL 0.2000 mol·L^{-1} 硫酸铜溶液所需 CuSO$_4$·5H$_2$O 的质量为 12.4850 g，先在台秤上粗称 CuSO$_4$·5H$_2$O 晶体 13 g 于称量瓶中，然后在分析天平上用减量法精确称取 12.4750~12.5000 g 的 CuSO$_4$·5H$_2$O 晶体于干净干燥的烧杯中，然后加入少量去离子水，用玻璃棒搅拌，待硫酸铜完全溶解后，将该溶液沿玻璃棒注入洁净的 250 mL 容量瓶中；再用少量去离子水淋洗烧杯和玻璃棒数次，连同洗涤液一起注入容量瓶中，最后加水至刻度。旋紧瓶塞，将瓶内溶液混合均匀。

2. 化学反应焓变的测定

（1）在台秤上称取 2 g 锌粉。

（2）洗净并擦干用作量热计的保温杯，用移液管移取 100 mL 配制好的硫酸铜溶液于量热计中。同时注意调节量热计中温度计安插的高度，要使其感温泡能浸入溶液中，但又不能触及容器的底部。然后盖上量热计盖。

（3）用秒表每隔 30 s 记录一次读数。注意要边读数边记录边用手适当摇荡保温杯，直至溶液与量热计达到热平衡，而温度保持恒定（一般需要 2 min）。

如果采用磁力搅拌器进行搅拌，应事先将擦干的磁子放入量热计中，欲搅拌时，将量热计放到磁力搅拌器上，接通磁力搅拌器的电源，打开磁力搅拌器的开关，并通过调速旋钮调节适当的转速。

（4）迅速往溶液中加入称好的锌粉，并立即盖紧量热计的盖子（为什么？）。同时记录开始反应的时间，继续不断摇荡或搅拌，并每隔 15 s 记录一次读数（应读至 0.01 ℃，最后一位小数是估计值）；为了便于观察温度计读数，可使用放大镜。直至温度上升到最高温度读数后，再每隔 30 s 继续测定 5~6 min。

（5）实验结束后，打开量热计的盖子，注意动作不能过猛，要边旋转边慢慢打开，否则容易将温度计折断。

（6）取少量反应后的澄清溶液置于一试管中，观察溶液的颜色（蓝色是否消失），随后加入 1~2 滴 0.1 mol·L^{-1}Na$_2$S 溶液，观察是否有黑色沉淀物产生，以此检验 Zn 与 CuSO$_4$溶液反应进行的程度。

数据记录和处理

1. 数据记录

CuSO$_4$·5H$_2$O 晶体的质量 $m_{(CuSO_4·5H_2O)}$：_____ g；

CuSO$_4$ 溶液的浓度 $c_{(CuSO_4)}$：_____ mol·L^{-1}；

实验前 CuSO$_4$ 溶液的温度_____℃；

温度随实验时间的变化

时间 t/s	
溶液温度 T/℃	

从曲线上测得的 $\Delta T =$ _____ K；

CuSO$_4$ 溶液的体积 $V = 100$ mL；

溶液中 $CuSO_4$ 的物质的量（或生成铜的物质的量）$n =$ _____ mol；

生成 1 mol 铜所放出的热量 $\Delta H_{实验值} =$ _____ kJ·mol^{-1}；

百分误差_____%。

［注］

（1）上述计算中假设：反应前溶液的比热容与水相同，为 4.18 J·g^{-1}·K^{-1}，溶液的密度与水相同，为 1.00 g·mL^{-1}。

（2）本实验所用的简易量热计，它并非严格绝热，在实验时间内，量热计不可避免地会与环境发生少量热交换。为了消除此影响，求绝热条件下的真实温升，可采用下图 5-1 所示的外推法作图，即先根据实验数值，作出温度（T）、时间（t）曲线，从曲线上相当于反应前（C）和反应后（D）之间平均温度的 M 点引垂线与温度读数的切线交于 A、B 两点，（A 点和 B 点所对应的温度之间的差值）即为所求的真实温度 ΔT。

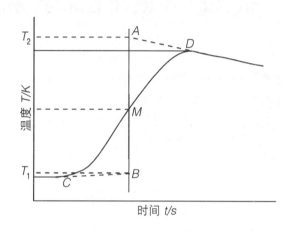

图 5-1　温度-时间曲线

2. 反应焓变实验值的求算与实验误差计算

（1）根据式（1）或式（2）计算反应的焓变，反应后溶液的比热容 C，可近似地用水的比热容代替，为 4.18 J·g^{-1}·K^{-1}

反应后溶液的密度 ρ 可取为 1.03 g·mL^{-1}，量热计自身所吸收的热量可忽略不计。

（2）计算实验的百分误差，并分析产生误差的原因。

误差计算公式如下：

$$百分误差 = \frac{\Delta H_{实验值} - \Delta H_{理论值}}{\Delta H_{理论值}} \times 100\%$$

式中，$\Delta H_{理论值}$ 可近似地以 $\Delta_r H_m^\theta (298.15) = -217.23$ kJ·mol^{-1} 代替。

3. 数据处理

用作图纸作图，横坐标表示时间，纵坐标表示温度，根据实验具体情况，设定横纵坐标的单位长度，使所有数据均在图形中。按图所示求出真实温度 ΔT。

思考题

1. 为什么实验中锌粉用台秤称量，而 $CuSO_4 \cdot 5H_2O$ 要在分析天平上称取？
2. 如何配制 250 mL 0.2000 mol·L^{-1} $CuSO_4$ 溶液？
3. 所用的量热计是否允许残留的水滴？为什么？
4. 分析实验中造成误差的原因。
5. 量热计是否事先要用硫酸铜溶液洗涤几次？为什么？移液管又如何处理？

注：实验报告在 155 页。

实验 6　醋酸标准电离常数和食醋中醋酸含量的测定

♨实验目的

1. 了解用 pH 法测定醋酸标准电离常数的原理和方法；
2. 加深对弱电解质电离平衡基本概念的理解；
3. 掌握酸度计的正确使用方法，学习滴定管的基本操作；
4. 了解食醋中醋酸含量的测定原理和方法。

♨实验原理

醋酸是弱电解质，在水溶液中存在下列电离平衡：

$$HAc \Longrightarrow H^+ + Ac^-$$

其电离常数的表达式为：

$$K_{a(HAc)}^{\theta} = \frac{c_{(H^+)} \cdot c_{(Ac^-)}}{c_{(HAc)}} \tag{1}$$

设醋酸的起始浓度为 c，若忽略由水电离所提供的 H^+ 的量，则平衡时 $[H^+] = [Ac^-] = x$，代入上式（1），可以得到：

$$K_{a(HAc)}^{\theta} = \frac{x^2}{(c-x)} \tag{2}$$

K_a^{θ} 不随溶液浓度的改变而改变，但随温度的变化略有改变。在一定温度下，若配制一系列已知浓度的醋酸溶液，并用酸度计测定其 pH 值，根据 $pH = -\lg c_{(H^+)}$，换算成 $c_{(H^+)}$，代入式（2），可求得一系列对应的 K_a^{θ} 值，取其平均值，即为该温度下醋酸的标准电离常数。

同样，根据下式可以求出电离度 α

$$\alpha = c_{(H^+)}/c \tag{3}$$

食用白醋是以蒸馏过的酒发酵制成，或者直接用食品级的醋酸兑制。除了 3% ～ 5% 醋酸和水之外，白醋不含或极少含其他成分。通过酸度计测定白醋溶液的 pH 值，可以计算出溶液中 H^+ 的浓度，再加上求得的 K_a^{θ} 值，就可以算出白醋溶液中醋酸的含量。

♨ 仪器和试剂

1. 仪器

酸度计，四氟乙烯滴定管，烧杯，10 mL 移液管，250 mL 容量瓶，洗瓶，洗耳球，玻璃棒。

2. 试剂

HAc（已知浓度，由实验室提供），市售白醋。

其他：擦镜纸或滤纸片。

♨ 实验步骤

1. 配制系列已知浓度的醋酸溶液

将5只洁净并已干燥的50 mL 小烧杯编成1~5号，然后按下表的烧杯编号，用滴定管分别准量取已知浓度的HAc溶液（由实验室提供）的体积和蒸馏水的体积。

2. 醋酸溶液 pH 值的测定

用酸度计按由稀到浓的次序测定 1~5 号 HAc 溶液的 pH 值，把数据填入下表中。

烧杯编号	HAc 的体积/mL	水的体积/mL	HAc 的浓度 c/mol·L^{-1}	pH	$c_{(H^+)}$	K_a^θ	α
1	3.00	45.00					
2	6.00	42.00					
3	12.00	36.00					
4	24.00	24.00					
5	48.00	0.00					

3. 食醋中醋酸含量的测定

用移液管吸取 10 mL 白醋，加入 250 mL 容量瓶中，用去离子水稀释至刻度，振荡摇匀后取部分倒入 50 mL 干燥烧杯中，用 pH 计测定溶液的 pH 值，计算食醋中醋酸的浓度。

♨ 数据记录和处理

1. 计算 K_a^θ 值，并计算 $K_{a(\Psi)}^\theta$；求相对误差，并分析误差产生的原因。（文献值：$K_{a(HAc)}^\theta = 1.76 \times 10^{-5}$）

2. 计算不同浓度的醋酸溶液的电离度 α，可得出什么结论？

3. 根据溶液 pH 值，计算白醋中醋酸的浓度。

［注意］　本实验的关键是 HAc 溶液的浓度要配准（数值稳定后再读数）。

思考题

1. 改变被测 HAc 溶液的浓度或温度，则电离度和电离常数有无变化？若有变化，应怎样变化？

2. 配制不同浓度的 HAc 溶液时，玻璃器皿是否要干燥，为什么？

3. "电离度越大，酸度就越大"，这句话是否正确？根据本实验结果加以说明。

4. 若 HAc 溶液的浓度极稀，是否能应用近似公式 $K_{a(HAc)}^\theta \approx c_{(H^+)}^2 / c_{(HAc)}$ 求电离常数？

为什么？

5. 测定不同浓度 HAc 溶液的 pH 值时，测定顺序应由稀→浓，为什么？

注：实验报告在 157 页。

实验 7　化学反应速率与活化能的测定

☙实验目的

1. 了解浓度、温度和催化剂对化学反应速率的影响；
2. 测定 $(NH_4)_2S_2O_8$ 与 KI 反应的反应速率；
3. 学习作图法确定反应级数、反应速率常数和反应的活化能。

☙实验原理

在水溶液中，$(NH_4)_2S_2O_8$ 氧化 KI 的离子反应式为：

$$S_2O_8^{2-}(aq)+3I^-(aq)=2SO_4^{2-}(aq)+I_3^-(aq) \tag{1}$$

该反应的速率方程可表示为

$$v=k \cdot c_{(S_2O_8^{2-})}^x \cdot c_{(I^-)}^y$$

式中：v—反应速率，单位 $mol \cdot L^{-1} \cdot s^{-1}$；

k—反应速率常数；

$c_{(S_2O_8^{2-})}$，$c_{(I^-)}$—分别为 $S_2O_8^{2-}$ 与 I^- 的起始浓度，单位 $mol \cdot L^{-1}$；

x、y—反应级数，x、y 的数值需通过实验来测定。

如果用实验方法测定 Δt 时间内 $S_2O_8^{2-}$ 浓度的变化值 $\Delta c_{(S_2O_8^{2-})}$，则该时间间隔 Δt 内平均反应速率为

$$\overline{v}=-\Delta c_{(S_2O_8^{2-})}/\Delta t$$

如果把实验条件控制在 $S_2O_8^{2-}$ 和 I^- 的起始浓度比 Δt 时间间隔内反应掉的浓度大得多的情况下，因 Δt 时间后 $S_2O_8^{2-}$ 和 I^- 的浓度与起始浓度差别不大，这时的平均反应速率 $\overline{v}$ 可近似地看作瞬时反应速率

$$v=-\frac{\Delta c_{(S_2O_8^{2-})}}{\Delta t}=k \cdot c_{(S_2O_8^{2-})}^x \cdot c_{(I^-)}^y$$

为了测出在一定时间 Δt 内 $S_2O_8^{2-}$ 浓度的变化值 $\Delta c_{(S_2O_8^{2-})}$，在反应液中，同时加入一定量 $Na_2S_2O_3$ 和淀粉溶液，因为 $S_2O_3^{2-}$ 遇 I_3^- 即发生以下反应

$$2S_2O_3^{2-}(aq)+I_3^-(aq)=S_4O_6^{2-}(aq)+3I^-(aq) \tag{2}$$

由于反应（2）的反应速率极快，而反应（1）的反应速率较慢，因此在 $S_2O_3^{2-}$ 耗尽之前，反应液中不会有 I_3^- 存在。一旦 $S_2O_3^{2-}$ 耗尽，由反应（1）生成的 I_3^- 就立即与淀粉作用，使溶液呈现蓝色。因为从反应开始到溶液出现蓝色这段时间 Δt 内 $S_2O_3^{2-}$ 全部耗尽，所以 $\Delta c_{(S_2O_8^{2-})}/\Delta c(S_2O_8^{2-})$ 就是 $S_2O_3^{2-}$ 的起始反应。

由反应（1）和反应（2）的化学计量关系可知，每消耗 1 mol $S_2O_8^{2-}$ 就要消耗 2 mol 的 $S_2O_3^{2-}$，即

$$\Delta c_{(S_2O_8^{2-})} = \frac{1}{2}\Delta c_{(S_2O_3^{2-})}$$

这样，由 $Na_2S_2O_3$ 的起始浓度可求得 $\Delta c_{(S_2O_8^{2-})}$，因此只要在实验中准确记录从反应开始到溶液出现蓝色所需要的时间 Δt，就可以近似算出一定温度下该反应的起始反应速率。

将反应速率方程两边取对数，可得

$$\lg v = x \lg c_{(S_2O_8^{2-})} + y \lg c_{I^-} + \lg k$$

当 $c_{(I^-)}$ 不变时，改变 $c_{(S_2O_8^{2-})}$，分别测定其 v，以 $\lg v$ 对 $\lg c_{(S_2O_8^{2-})}$ 作图，可得一直线，斜率为 x。同理，当 $c_{(S_2O_8^{2-})}$ 不变时，改变 $c_{(I^-)}$，分别测定其 v，以 $\lg v$ 对 $\lg c_{(I^-)}$ 作图，可得一直线，斜率为 y。由不同浓度下测得的反应速率 v，计算出该反应的反应级数 x 和 y，进而求得反应的总级数 $(x+y)$。将 x 和 y 代入速率方程，再由 $k = v/\{c_{(S_2O_8^{2-})}^x \cdot c_{(I^-)}^y\}$ 求出反应速率常数 k。

由温度 T 对反应速率常数 k 影响的阿仑尼乌斯经验式

$$\lg k = \lg A - \frac{E_a}{2.303RT}$$

式中：A — 给定反应的特征常数；

E_a — 反应的活化能，单位 $kJ \cdot moL^{-1}$；

R — 摩尔气体常数（$8.314\ J \cdot moL^{-1} \cdot K^{-1}$）；

T — 绝对温度，单位 K。

可知，如果测得不同温度下的 k 值，以 $\lg k$ 对 $1/T$ 作图，可得一直线，由直线的斜率 $-E_a/2.303R$ 可求得反应的活化能 E_a。

Cu^{2+} 可以加快 $(NH_4)_2S_2O_8$ 与 KI 反应的速率，Cu^{2+} 的加入量不同，加快的反应速率也不同。

仪器和试剂

1. 仪器

恒温水浴锅，秒表，烧杯，量筒，玻璃棒，电磁搅拌器。

2. 试剂

$(NH_4)_2S_2O_8$（$0.2\ mol \cdot L^{-1}$），KI（$0.2\ mol \cdot L^{-1}$），$Na_2S_2O_3$（$0.05\ mol \cdot L^{-1}$），淀粉溶液（w 为 0.2%），KNO_3（$0.2\ mol \cdot L^{-1}$），$(NH_4)_2SO_4$（$0.2\ mol \cdot L^{-1}$），$Cu(NO_3)_2$（$0.02\ mol \cdot L^{-1}$）。

实验步骤

1. 浓度对反应速率的影响

在室温下，按表 7－1 所示的用量，分别用量筒（每种试剂所用的量筒要贴上标签，以免混用）准确量取 KI、$Na_2S_2O_3$、KNO_3、$(NH_4)_2SO_4$ 和淀粉溶液于 100 mL 烧杯中，用玻璃棒搅拌均匀。然后用量筒准确量取 $(NH_4)_2S_2O_8$ 溶液，迅速加入到盛有混合溶液的烧杯中，同时立即按动秒表记时，并不断搅拌溶液。认真观察溶液，当溶液刚一出现蓝色立即停止计

时，将反应时间填入表 7－1 中。为了保持反应液总体积和离子强度相同，在编号 2、3、4、5 的实验中缺少的 $(NH_4)_2S_2O_8$ 和 KI 的量分别用 KNO_3 或 $(NH_4)_2SO_4$ 溶液补足。

表 7－1　浓度对反应速率的影响

	实验编号	1	2	3	4	5
试剂用量/mL	0.20 mol·L⁻¹ $(NH_4)_2S_2O_8$	10	5	2.5	10	10
	0.20 mol·L⁻¹ KI	10	10	10	5	2.5
	0.05 mol·L⁻¹ $Na_2S_2O_3$	3	3	3	3	3
	0.2% 淀粉溶液	1	1	1	1	1
	0.20 mol·L⁻¹ $(NH_4)_2SO_4$	0	5	7.5	0	0
	0.20 mol·L⁻¹ KNO_3	0	0	0	5	7.5
起始浓度/(mol·L⁻¹)	$(NH_4)_2S_2O_8$					
	KI					
	$Na_2S_2O_3$					
反应时间/s						
$\Delta C_{(S_2O_8^{2-})}$/(mol·L⁻¹)						
$v=-\dfrac{\Delta C_{(S_2O_8^{2-})}}{\Delta t}$						
$\lg v$						
$\lg C_{(S_2O_8^{2-})}$						
$\lg C_{(I^-)}$						
x						
y						
$k=v/\{C^x_{(S_2O_8^{2-})}\cdot C^y_{(I^-)}\}$						
平均反应速率常数 k						

2. 温度对反应速率的影响

按表 7－1 中实验编号 4 的用量把 5 mL KI、3 mL $Na_2S_2O_3$、5 mL KNO_3 和 1 mL 淀粉溶液加入到 100 mL 烧杯中，混合均匀。量取 10 mL $(NH_4)_2S_2O_8$ 溶液于 50 mL 小烧杯中，将大小烧杯同时放在冰水浴中冷却。待两溶液温度均到 0 ℃时，将大小烧杯中的溶液迅速混合，同时计时并不断搅拌。当溶液刚一出现蓝色时立即停止计时，将反应时间填入表 7－2 中。此实验编号为 6。同样的方法，再按实验编号 4 的用量，在恒温水浴上分别做高于室温 10 ℃ 和 20 ℃ 的实验。加上室温，就可得到四种温度下的反应时间，将它们记录在表 7－2 中。

表 7－2　温度对反应速率的影响

实验编号	6	7	8	9
反应温度/K				
反应时间/s				
反应速率 v/mol·L⁻¹·s⁻¹				
速率常数（k）				
$\lg k$				
$1/T$				
活化能/(kJ·mol⁻¹)				

3. 催化剂对反应速率的影响

在室温下，按表 7－1 中实验编号 4 的用量把 5 mL KI、3 mL $Na_2S_2O_3$、5 mL KNO_3 和 1 mL 淀粉溶液加入到 100 mL 烧杯中，混合均匀。再分别加入 1 滴、5 滴、10 滴 0.02 mol·L^{-1} $Cu(NO_3)_2$ 溶液（为使总体积和离子浓度一致，不足 10 滴的用 0.2 mol·L^{-1} $(NH_4)_2SO_4$ 溶液补充）。迅速加入 10 mL$(NH_4)_2S_2O_8$ 溶液到盛有混合溶液的烧杯中，立即按动秒表记时，并不断搅拌溶液。当溶液刚一出现蓝色时立即停止计时，将反应时间填入表 7－3 中。与表 7－1 中实验编号 4 的时间相比可得到什么结论？

表 7－3　催化剂对反应速率的影响

实验编号	10	11	12
加入 0.02 mol·L^{-1} $Cu(NO_3)_2$ 溶液的滴数	1	5	10
反应时间 t/s			
反应速率 $v/(mol·L^{-1}·s^{-1})$			

◍ **数据处理**

1. 求反应级数和速率常数

计算编号 1～5 各实验的反应速率，然后利用 $c_{(I^-)}$ 相同的 1，2，3 号实验，以 lg v 对 lg$c_{(S_2O_8^{2-})}$ 作图求 x；利用 $c_{(S_2O_8^{2-})}$ 相同的 1、4、5 号实验，以 lg$v$ 对 lg$c_{(I^-)}$ 作图求 y。最后将 x、y 代入速率方程求 k。将处理过程所得的数据填入表 7－1 中。

2. 求反应的活化能

将 6～9 号四种温度下的实验数据结果填入表 7－2，不同温度下 k 值取对数，以 lg$k$ 对 $1/T$ 作图，可得一直线，由直线的斜率$-E_a/2.303R$ 可求得反应的活化能 E_a。

思考题

1. 反应溶液中为什么加入 KNO_3、$(NH_4)_2SO_4$？
2. 反应溶液出现蓝色后，反应是否就终止了？
3. $Na_2S_2O_3$ 的用量过多或过少，对实验结果有什么影响？
4. $(NH_4)_2S_2O_8$ 溶液，缓慢加入到 KI 等混合溶液中，对实验有什么影响？
5. 反应物 $S_2O_8^{2-}$ 和 I^- 的化学计量数不同，如果用 $S_2O_8^{2-}$ 的浓度变化来表示该反应速率，则 v 和 k 是否和用 I^- 的浓度变化表示的一样？

实验8　硫酸钡溶度积的测定（电导率法）

◍ **实验目的**

1. 掌握电导率法测定 $BaSO_4$ 溶度积的原理和实验方法；

2. 掌握电导率仪的使用方法；

3. 熟悉固液分离实验操作方法——倾析法。

实验原理

在难溶电解质硫酸钡的饱和溶液中，存在下列平衡：

$$BaSO_4(s) = Ba^{2+}(aq) + SO_4^{2-}(aq)$$

假设难溶电解质硫酸钡在水中的溶解度为 $c(\text{mol} \cdot \text{L}^{-1})$，则其溶度积 $K^\theta_{sp(BaSO_4)}$ 为：

$$K^\theta_{sp(BaSO_4)} = c_{(Ba^{2+})} \cdot c_{(SO_4^{2-})} = c^2_{(BaSO_4)} = c^2$$

由于难溶电解质的溶解度很小，很难直接测定，本实验利用溶液的浓度 c 与电导率 K 之间的关系，通过测定溶液的电导率 K，计算出硫酸钡的溶解度，从而计算出溶度积常数 $K^\theta_{sp(BaSO_4)}$。

难溶电解质中摩尔电导率 Λ_m、电导率 K 与浓度 c 之间存在着如下关系：

$$\Lambda_m = \frac{K}{1000c}$$

对于难溶电解质来说，其饱和溶液可近似地看成无限稀释的溶液，正、负离子间的影响可以忽略不计，此时溶液的摩尔电导率 Λ_m 可近似为无限稀释摩尔电导率 Λ_m^∞，即：

$$\Lambda_{m(BaSO_4)} \approx \Lambda_{m(BaSO_4)}^\infty$$

硫酸钡的无限稀释电导率 Λ_m^∞ 可以由物理化学手册查得。25 ℃时硫酸钡的无限稀释摩尔电导率 $\Lambda_{m(BaSO_4)}^\infty = 286.88 \times 10^{-4} \text{ S} \cdot \text{m}^2 \cdot \text{moL}^{-1}$。

只要测得硫酸钡饱和溶液的电导率 k，根据下式，可以计算出硫酸钡溶解度 c（$\text{mol} \cdot \text{L}^{-1}$）：

$$c = \frac{K_{(BaSO_4)}}{\Lambda_{m(BaSO_4)}^\infty}(\text{mol} \cdot \text{m}^{-3}) = \frac{K_{(BaSO_4)}}{1000\Lambda_{sp(BaSO_4)}^\infty}(\text{mol} \cdot \text{L}^{-1})$$

$$K^\theta_{sp(BaSO_4)} = \left[\frac{K_{(BaSO_4)}}{1000\Lambda_{m(BaSO_4)}^\infty}\right]^2$$

由于实验测得的硫酸钡饱和溶液的电导率 K_{BaSO_4}（饱）中包括了水的电导率 $K_{(H_2O)}$，因此在测定 $K_{(BaSO_4)}$（饱）的同时还应测定制备硫酸钡饱和溶液所使用的去离子水的电导率 $K_{(H_2O)}$，因此硫酸钡的溶度积 $K^\theta_{sp(BaSO_4)}$ 应按下式计算：

$$K^\theta_{sp(BaSO_4)} = \left[\frac{K_{(BaSO_4)}(\text{饱}) - K_{(H_2O)}}{1000\Lambda_{m(BaSO_4)}^\infty}\right]^2$$

仪器和试剂

1. 仪器

烧杯，量筒，试管，玻璃棒，滴管，地蜗钳，铁架台，石棉网，温度计，煤气灯，数显电导率仪。

2. 试剂

H_2SO_4（0.05 $\text{mol} \cdot \text{L}^{-1}$），$BaCl_2$（0.05 $\text{mol} \cdot \text{L}^{-1}$），$AgNO_3$（0.1 $\text{mol} \cdot \text{L}^{-1}$）。

⚒实验步骤

1. $BaSO_4$ 饱和溶液的制备

（1）量取 20 mL 0.05 mol·L^{-1} H_2SO_4 溶液和 20 mL 0.05 mol·L^{-1} $BaCl_2$ 溶液，分别置于两个 100 mL 小烧杯中，在水浴中加热近沸（刚有气泡出现）。

（2）在搅拌下趁热将 $BaCl_2$ 溶液慢慢滴入到 H_2SO_4 溶液中，滴速每秒约 2～3 滴为宜。

（3）将盛有 $BaSO_4$ 沉淀的小烧杯放置于沸水浴中加热并搅拌 10 min，然后静置冷却 20 min。

（4）用倾析法分离沉淀和清液，弃去清液。$BaSO_4$ 沉淀用近沸的蒸馏水洗涤，倾析法弃去洗涤液，如此重复洗涤沉淀 3～4 次。

（5）最后一次洗涤液用 0.1 mol·L^{-1} $AgNO_3$ 溶液检验 Cl^- 是否存在，如有 Cl^- 存在，则需要继续洗涤沉淀直至检验洗涤液中无 Cl^- 存在为止。

（6）最后在洗涤的 $BaSO_4$ 沉淀中加入约 60 mL 去离子水，煮沸并不断搅拌 3～5 min，然后静置冷却至室温。

2. 电导率测定

用电导率仪测定蒸馏水与 $BaSO_4$ 饱和溶液的电导率，并填入下表。

室温(℃)	$K_{(H_2O)}/(\mu S \cdot cm^{-1})$	$K_{(BaSO_4)}/(\mu S \cdot cm^{-1})$

⚒数据记录及处理

1. 数据记录

室温 $T = $ ＿＿＿＿＿＿＿＿ ℃

$K_{(H_2O)} = $ ＿＿＿＿＿＿＿＿ $S \cdot m^{-1}$

$K_{(BaSO_4)}$（饱）$= $ ＿＿＿＿＿＿＿＿ $S \cdot m^{-1}$

2. 数据处理

将实验测定值代入下式：

$$K^{\theta}_{sp(BaSO_4)} = \left[\frac{K_{(BaSO_4)}(饱) - K_{(H_2O)}}{1000 \Lambda^{\infty}_{m(BaSO_4)}} \right]^2$$

计算硫酸钡的溶度积 $K^{\theta}_{sp(BaSO_4)} = $ ＿＿＿＿＿＿＿＿。

3. 相对误差计算及误差分析

（1）查阅硫酸钡溶度积 $K^{\theta}_{sp(BaSO_4)}$ 文献值，根据实际测得的硫酸钡溶度积 $K^{\theta}_{sp(BaSO_4)}$ 实验值，计算相对误差。

（2）分析误差产生的原因。

［注意］

①用倾析法洗涤 $BaSO_4$ 沉淀时，为了提高洗涤效果，不仅要进行搅拌，而且尽量将每次的洗涤液倾尽。

②为了保证 $BaSO_4$ 饱和溶液的饱和度，在测定 $K_{(BaSO_4)}$ 时，装有 $BaSO_4$ 饱和溶液的烧

杯下层应有 $BaSO_4$ 晶体，上层为清液。如未等 $BaSO_4$ 沉淀完全沉降就测定 $K_{(BaSO_4)}$，不仅污染了电极而且造成测定误差。

③本实验所用的纯水的电导率要求在 $5.0\ \mu S \cdot cm^{-1}$ 左右，否则对测定带来较大的误差。

④盛被测溶液的烧杯必须清洁，无其他离子污染。

⑤选择量程时，能在低一档量程内测量的，不放在高一档测量。在低档量程内，若已超出量程，电导率仪显示屏左侧第一位显示"1"（溢出显示）时，需选高一档量程。

⑥电极引线、插头不能受潮，否则将影响测量的准确性。

 思考题

1. 怎样制备 $BaSO_4$ 沉淀？为了减少实验误差，对制备的 $BaSO_4$ 沉淀有何要求？

2. 为什么在制备 $BaSO_4$ 沉淀中要反复洗涤至溶液中无 Cl^- 存在？如果不这样洗对实验结果有什么影响？

3. 为什么需要测定去离子水的电导率？

4. 电导率仪应注意哪些操作？

实验 9　标准平衡常数的测定

实验目的

1. 测定 $I_3^- \rightleftharpoons I^- + I_2$ 体系的平衡常数；

2. 加强对化学平衡、平衡常数的理解并了解平衡移动的原理；

3. 学习滴定操作。

实验原理

碘溶于碘化钾溶液，主要生成 I_3^-。在一定温度下，它们建立如下平衡：

$$I_3^- \rightleftharpoons I^- + I_2 \tag{1}$$

在一定温度条件下，其标准平衡常数为：

$$K^\theta = \frac{c_{(I^-)} \cdot c_{(I_2)}}{c_{(I_3^-)}} \tag{2}$$

式中 $c_{(I^-)}$、$c_{(I_2)}$、$c_{(I_3^-)}$ 为平衡浓度。

为了测定平衡时的 $c_{(I^-)}$、$c_{(I_2)}$、$c_{(I_3^-)}$，可用过量固体碘与已知浓度的碘化钾溶液一起震荡，达到平衡后，取上层清液，用标准的硫代硫酸钠溶液进行标定，

$$I_2 + 2S_2O_3^{2-} = 2I^- + S_4O_6^{2-} \tag{3}$$

由于溶液中存在 $I_3^- \rightleftharpoons I^- + I_2$ 的平衡，所以用硫代硫酸钠溶液标定，最终测到的是平衡时 I_3^- 和 I_2 的总浓度。这个总浓度是 c，即：

$$c = c_{(I_2)} + c_{(I_3^-)} \tag{4}$$

c_{I_2} 可通过在相同温度条件下，测定过量固体碘与水处于平衡时，溶液中碘的浓度来代替。设这个浓度为 c_1，则 $c_{(I_2)} = c_1$ 代入整理得：

$$c_{(I_3^-)} = c - c_{(I_2)} = c - c_1 \tag{5}$$

从（1）式可以看出，形成一个 I_3^- 就需要一个 I^-，所以平衡时

$$c_{(I^-)} = c_0 - c_{(I_3^-)} \tag{6}$$

式中 c_0 为碘化钾的起始浓度。

将 $c_{(I^-)}$、$c_{(I_2)}$、$c_{(I_3^-)}$ 代入式（2）即可求得在此温度条件下的平衡常数 K^θ。

仪器和试剂

1. 仪器

量筒，吸量管，移液管，碱式滴定管，碘量瓶，锥形瓶，洗耳球。

2. 药品

碘（s），KI（0.0100 mol·L^{-1}、0.0200 mol·L^{-1}），Na$_2$S$_2$O$_3$ 标准溶液（0.0050 mol·L^{-1}），淀粉溶液（0.2%）。

实验步骤

1. 取两只干燥的 100 mL 碘量瓶和一只 250 mL 的碘量瓶，分别标上 1、2、3 号。用量筒分别量取 80 mL 0.0100 mol·L^{-1} KI 溶液注入 1 号瓶，80 mL 0.0200 mol·L^{-1} KI 溶液注入 2 号瓶，200 mL 蒸馏水注入 3 号瓶。然后在各个瓶内加入 0.5 g 研细的碘，盖好瓶塞。

2. 将 3 只碘量瓶在室温下震荡或者在磁力搅拌器上搅拌 30 min，然后静置 10 min，待过量固体碘完全沉于瓶底后，取上层清液进行标定。

3. 用 10 mL 吸量管取 1 号瓶上层清液 10.00 mL 两份，分别注入 250 mL 的碘量瓶中，再各注入 40 mL 蒸馏水，用 0.0050 mol·L^{-1} 标准 Na$_2$S$_2$O$_3$ 溶液滴定其中一份至呈淡黄色时（注意不要滴过量），注入 4 mL 0.2% 淀粉溶液，此时溶液应呈蓝色，继续滴定至蓝色刚好消失。同样方法滴定 2 号瓶上层的清液。

4. 用 50 mL 移液管取 3 号瓶上层的清液 50.00 mL 两份，用 0.0050 mol·L^{-1} 标准 Na$_2$S$_2$O$_3$ 溶液滴定，方法同上。

[注意]

（1）由于碘易挥发，移取上层清液时要快，移取后要尽快滴定。另外，移取一份样品滴定一份。若同时移取，第二份试液的滴定数据会偏低。

（2）在滴定时不能剧烈摇晃溶液。

（3）含碘废液要回收。

数据记录和处理

1. 将数据记入下表

瓶号		1	2	3
取样体积 V/mL				
$Na_2S_2O_3$ 溶液的用量 $V_{(Na_2S_2O_3)}/\mathrm{mL}$	1			
	2			
	平均			
$Na_2S_2O_3$ 溶液的浓度 $c_{(Na_2S_2O_3)}/(\mathrm{mol \cdot L^{-1}})$				
$c_{(I_2)}$ 与 $c_{(I_3^-)}$ 的总浓度 $c/(\mathrm{mol \cdot L^{-1}})$				/
水溶液中碘的平衡浓度 $c_{(I_2)}/(\mathrm{mol \cdot L^{-1}})$		/	/	
$c_{(I_2)}/(\mathrm{mol \cdot L^{-1}})$				/
$c_{(I_3^-)}/(\mathrm{mol \cdot L^{-1}})$				/
碘化钾的起始浓度 $c_0/(\mathrm{mol \cdot L^{-1}})$				/
$c_{(I^-)}/(\mathrm{mol \cdot L^{-1}})$				/
K^{θ}				/
K^{θ} 的平均值				

2. 数据处理

根据 $c=\dfrac{c_{(Na_2S_2O_3)} \cdot V_{(Na_2S_2O_3)}}{2V}$，得出 c

$c_{(I_3^-)}=c-c_{(I_2)}$

$c_{(I^-)}=c_0-c_{(I_3^-)}$

$c_{(I_2)}$ 可由 $Na_2S_2O_3$ 溶液滴定三号瓶中 I_2 溶液得到。

思考题

1. 在吸取清液时，若不慎将沉在溶液底部或悬浮在溶液表面的少量固体碘带入吸量管有何影响？

2. 本实验中，碘的用量是否要准确称取？若所取的碘量不够会对实验有何影响？

实验 10　电解质在水溶液中的电离平衡

实验目的

1. 此实验根据弱电解质的电离平衡、沉淀—溶解平衡、氧化还原平衡、配位平衡等化学原理编写而成，学生通过实践，加深和巩固这部分知识；

2. 对周期表中一些常见元素及其化合物性质的验证以及它们之间的相互转化，要求根据实验中产生的现象，选择试剂，判断反应物，鉴别未知物；

3. 进一步巩固和掌握化合物性质及其变化规律。

实验原理

1. 酸碱的概念

酸碱电离理论认为，凡电离时所产生的正离子全为 H^+ 的化合物都是酸，凡电离时所产生的负离子全为 OH^- 的化合物都是碱。酸与碱起中和反应，生成盐和水，其逆反应叫做盐类的水解。

酸碱质子理论认为，凡能给出质子的物质都是酸，凡能与质子结合的物质都是碱。酸既可以是中性分子，也可以是带正、负电荷的离子，前者叫做分子酸，后者叫做离子酸；碱也有分子碱和离子碱之分。酸碱质子理论将电离理论中的电离、中和以及水解等反应归结为一类质子传递的酸碱反应。

酸给出质子后余下的部分，称为该酸的共轭碱；碱接受质子后形成的物质，称为该碱的共轭酸。它们存在着下列关系：

$$酸 \rightleftharpoons 质子 + 碱$$

可以根据溶液的 pH 值，确定其酸碱性。

2. 弱电解质在溶液中的电离平衡及其移动

弱酸或弱碱等一类弱电解质在溶液中存在着下列化学平衡：

$$AB_{(aq)} \rightleftharpoons A^+_{(aq)} + B^-_{(aq)}$$

按电离理论，将该平衡称为弱电解质的电离平衡，其平衡常数 K_i^θ 称为该弱电解质的电离平衡常数。按酸碱质子理论，该平衡称为分子弱酸或分子弱碱的离解平衡，其平衡常数 K_d^θ 称为该弱电解质的离解常数（也适用于离子酸或离子碱）。K_i^θ 或 K_d^θ 可用下式表示：

$$K_i^\theta \text{（或 } K_d^\theta) = \frac{c_{(A^+)eq} \cdot c_{(B^-)eq}}{c_{(AB)eq}} \tag{1}$$

当 $\dfrac{c}{K_i^\theta} > 500$ 时，浓度为 c 的一元弱酸或离子酸、一元弱碱或离子碱溶液的 H^+ 或 OH^- 浓度可分别按下式近似计算：

$$c_{(H^+)eq} \approx \sqrt{K_a^\theta \cdot c} \tag{2}$$

$$c_{(OH^-)eq} \approx \sqrt{K_b^\theta \cdot c} \tag{3}$$

另外，共轭酸碱的离解常数 K_a^θ 和 K_b^θ 之间有如下关系：

$$K_a^\theta \cdot K_b^\theta = K_w^\theta \tag{4}$$

K_w^θ 为水的离子积常数。酸越弱，其共轭碱越强；碱越弱，其共轭酸越强。

在上述弱电解质的电离或离解平衡系统中，如果加入含有相同离子的强电解质，即增加 A^+ 或 B^- 的浓度，平衡则向 AB 方向移动，使电解质 AB 的电离度或离解度降低，这个效应叫做同离子效应。

3. 缓冲溶液

根据同离子效应，电离理论认为由弱酸及其盐，或由弱碱及其盐所组成的混合溶液，能在一定程度上对外来酸或碱起缓冲作用，即当加少量酸或碱时，此混合溶液中的 pH 值基本上保持不变，这种溶液叫做缓冲溶液。该溶液中的 H^+ 浓度为：

$$c_{(H^+)eq} = K_a^\theta \cdot \frac{c_{(酸)eq}}{c_{(盐)eq}} \tag{5}$$

酸碱质子理论认为，由弱酸及其共轭碱、或由弱碱及其共轭酸组成的混合溶液都是缓冲溶液，因而扩大了缓冲溶液的范围。该溶液中的 H^+ 浓度为：

$$c_{(H^+)eq} = K_a^\theta \cdot \frac{c_{(酸)eq}}{c_{(共轭碱)eq}} \tag{6}$$

例如，由 $NaHCO_3$ 与 Na_2CO_3 组成的缓冲溶液中：

$$HCO_3^- \Longrightarrow H^+ + CO_3^{2-}$$

其溶液的 H^+ 浓度为：

$$c_{(H^+)eq} = K_a^\theta \cdot \frac{c_{(HCO_3^-)eq}}{c_{(CO_3^{2-})eq}} \tag{7}$$

式中，K_a^θ 表示 HCO_3^- 的离解常数。

4. 难溶电解质的多相离子平衡及其移动

在难溶电解质的饱和溶液中，未溶解的固体与溶解后形成的离子间存在着多相离子平衡。例如，在含有过量的 $PbCl_2$ 饱和溶液中，存在着下列平衡：

$$PbCl_2 \text{ (s)} \Longrightarrow Pb^{2+} \text{ (aq)} + 2Cl^- \text{ (aq)}$$

其平衡常数 $K_{sp(PbCl_2)}^\theta$ 叫做 $PbCl_2$ 的溶度积，当

$c_{(Pb^{2+})} \cdot c_{(Cl^-)}^2 < K_{sp(PbCl_2)}^\theta$ 溶液未饱和，无沉淀析出

$c_{(Pb^{2+})} \cdot c_{(Cl^-)}^2 = K_{sp(PbCl_2)}^\theta$ 饱和溶液

$c_{(Pb^{2+})} \cdot c_{(Cl^-)}^2 > K_{sp(PbCl_2)}^\theta$ 有沉淀析出或溶液过饱和

如果在难溶电解质的饱和溶液中，加入含有相同离子的强电解质，由于产生同离子效应，会使该难溶电解质的溶解度降低。

如果溶液中含有两种或两种以上的离子都能与加入的某种试剂（称为沉淀剂）反应，生成难溶电解质时，沉淀的先后次序决定于所需沉淀剂浓度的大小。所需沉淀剂离子浓度较小的先沉淀，较大的后沉淀，这种先后沉淀的现象叫做分步沉淀。只有对同一类型的难溶电解质，才可按它们的溶度积大小直接判断沉淀生成的先后次序；而对于不同类型的难溶电解质，生成沉淀的先后次序需按它们所需的沉淀剂离子浓度的大小来确定。

对于含有一些金属离子的混合溶液，可以控制溶液的 pH 值，利用分步沉淀的原理，使其中某种离子以氢氧化物或硫化物沉淀的形式从混合溶液中分离出来。

使一种难溶电解质转化为另一种更难溶电解质，即把一种沉淀转化为另一种沉淀的过程，叫做沉淀的转化。对于同一类型的难溶电解质，一种沉淀可以转化为溶度积更小的另一种沉淀。

5. 氧化还原反应

（1）浓度对电极电势的影响 根据能斯特（W·Nernst）方程，在 298.15K 时：

$$p\,氧化型 + n\,e^- \Longrightarrow q\,还原型$$

$$E_{电极} = E_{电极}^\theta + \frac{0.0592}{n} \lg \frac{c_{(氧化型)}^p}{c_{(还原型)}^q} \tag{8}$$

以铅铁原电池为例：

铅半电池　$Pb^{2+} + 2e^- \rightleftharpoons Pb$

铁半电池　$Fe \rightleftharpoons Fe^{2+} + 2e^-$

当增大 Pb^{2+}、Fe^{2+} 浓度时，它们的电极电势 E 值都分别增大；反之，则 E 值减小。

如果在原电池中改变某一半电池的离子浓度，而保持另一半电池的离子浓度不变，则会发生电动势 E 的改变。尤其是加入某种沉淀剂（如 OH^-、S^{2-} 等）或配合剂（如氨水）时，会使金属离子浓度大大降低，从而使 E 值发生改变，甚至能导致反应方向和电极正、负号的改变。

（2）介质的酸碱性对电极电势和氧化还原反应的影响

介质的酸碱性对含氧酸盐的电极电势和氧化性影响较大。例如，氯酸钾能被还原成 Cl^-；在酸性介质中，其电极电势 E 值较大，表现出强氧化性；但在中性或碱性介质中，其电极电势 E 值显著变小，氧化性也变弱。它的半电池反应为：

$$ClO_3^- + 6H^+ + 6e^- \rightleftharpoons Cl^- + 3H_2O \quad E_{(ClO_3^-/Cl^-)}^\theta = 1.42V$$

又如，高锰酸钾在酸性介质中能被还原为 Mn^{2+}（无色或浅红色），其半电池反应为：

$$MnO_4^- + 8H^+ + 5e^- \rightleftharpoons Mn^{2+} + 4H_2O \quad E_{(MnO_4^-/Mn^{2+})}^\theta = 1.51V$$

$$E_{MnO_4^-/Mn^{2+}} = E_{MnO_4^-/Mn^{2+}}^\theta + \frac{0.0592}{5} \lg \frac{c_{(MnO_4^-)} \cdot c_{(H^+)}^8}{c_{(Mn^{2+})}}$$

但在中性或碱性介质中，MnO_4^- 能被还原为褐色或黄褐色二氧化锰沉淀，其半电池反应为：

$$MnO_4^- + 2H_2O + 3e^- \rightleftharpoons MnO_2(s) + 4OH^- \quad E_{(MnO_4^-/MnO_2)}^\theta = 0.57V$$

$$E_{MnO_4^-/MnO_2} = E_{MnO_4^-/MnO_2}^\theta + \frac{0.0592}{3} \lg \frac{c_{(MnO_4^-)}}{c_{(OH)^-}^4}$$

而在强碱性介质中，MnO_4^- 则可被还原为绿色的 MnO_4^{2-}，其半电池反应为：

$$MnO_4^- + e^- \rightleftharpoons MnO_4^{2-}$$

$$E_{MnO_4^-/MnO_4^{2-}} = E_{MnO_4^-/MnO_4^{2-}}^\theta + 0.0592 \lg \frac{c_{(MnO_4^-)}}{c_{(MnO_4^{2-})}}$$

由此可见，高锰酸钾的氧化性随介质酸性减弱而减弱，在不同介质中其还原产物也有所不同。

（3）中间价态物质的氧化还原性

中间价态物质（如 H_2O_2、I_2）既可以与其低价态物质成为氧化还原电对（如 H_2O_2/H_2O、I_2/I^-）而用作氧化剂，又可以与其高价态物质成为氧化还原电对（如 O_2/H_2O_2、IO_3^-/I_2）而用作还原剂，以 H_2O_2 为例，它常作氧化剂而被还原为 H_2O 和 OH^-。

$$H_2O_2 + 2H^+ + 2e^- \rightleftharpoons 2H_2O \quad E_{(H_2O_2/H_2O)}^\theta = 1.77V$$

但 H_2O_2 遇强氧化剂如 $KMnO_4$ 或 KIO_3（在酸性介质中）时，则作为还原剂而被氧化，放出氧气。

$$O_2 + 2H^+ + 2e^- \Longrightarrow H_2O_2 \quad E^\theta_{(O_2/H_2O_2)} = 0.682V$$

H_2O_2 还能在同一反应系统中扮演不同角色（氧化剂和还原剂）。

例如，在 Mn^{2+} 和丙二酸 $CH_2(COOH)_2$ 存在下，过氧化氢（还原剂）与酸性介质中的碘酸钾（氧化剂）发生氧化还原反应而生成游离碘 I_2，碘 I_2 和溶液中的淀粉形成蓝色配合物；此时，过量的过氧化氢（氧化剂）又能将反应生成的碘 I_2（还原剂）氧化成为碘酸根离子，溶液蓝色消失；当碘酸根离子再次被过氧化氢还原成碘 I_2 时，溶液又变为蓝色。反应如此"摇摆"发生，颜色也随之反复变化，直到过氧化氢等物质含量消耗到一定程度方才结束。主要反应式为：

$$2IO_3^- + 2H^+ + 5H_2O_2 = I_2 + 5O_2 \uparrow + 6H_2O$$
$$5H_2O_2 + I_2 = 2IO_3^- + 2H^+ + 4H_2O$$

应当指出，实验所涉及的反应机理较为复杂，有些情况尚不甚清楚，一些副反应在这里不作介绍。

6. 配位化合物

配位化合物是指含有配位离子的化合物。中心离子与配位体组成配位离子，带正电荷的称为正配位离子，带负电荷的称为负配位离子。配位化合物与复盐不同，在水溶液中电离出来的配位离子很稳定，只有一部分电离成为简单离子，而复盐则全部电离成简单离子。例如：

配位化合物：$[Cu(NH_3)_4]SO_4 = [Cu(NH_3)_4]^{2+} + SO_4^{2-}$

复盐：$NH_4Fe(SO_4)_2 = NH_4^+ + Fe^{3+} + 2SO_4^{2-}$

配位化合物中的内界和外界可用实验来确定。

通过配位反应形成的配位化合物的性质如颜色、溶解度、氧化还原性等，往往和原物质有很大的差别。例如，$AgCl$ 难溶于水，但 $[Ag(NH_3)_2]Cl$ 易溶于水。因此，可以通过 $AgCl$ 和氨水的配位反应使 $AgCl$ 溶解。

♨ 仪器和试剂

1. 仪器

煤气灯，试管，离心管，试管夹，试管架，点滴板，烧杯，量筒，离心机。

2. 试剂

固体药品：锌粉，铜粉，硼酸，硫脲。

酸：HCl（浓，$2\ mol \cdot L^{-1}$），H_2SO_4（$1\ mol \cdot L^{-1}$，$3\ mol \cdot L^{-1}$），HAc（$1\ mol \cdot L^{-1}$）

碱：$NaOH$（$1\ mol \cdot L^{-1}$，$6\ mol \cdot L^{-1}$），氨水（$0.1\ mol \cdot L^{-1}$，$2\ mol \cdot L^{-1}$，$6\ mol \cdot L^{-1}$）

盐：$NaCl$（$0.1\ mol \cdot L^{-1}$，$1\ mol \cdot L^{-1}$），$Pb(NO_3)_2$（$0.1\ mol \cdot L^{-1}$，$1\ mol \cdot L^{-1}$），KI（$0.1\ mol \cdot L^{-1}$，$0.02\ mol \cdot L^{-1}$），$KMnO_4$ 和 $Pb(Ac)_2$ 均为 $0.01\ mol \cdot L^{-1}$，$0.1\ mol \cdot L^{-1}$ 的溶液有 $BiCl_3$，$AgNO_3$，K_2CrO_4，Na_2S，$MgSO_4$，NH_4Cl，Na_2SO_3，$CuSO_4$，$FeCl_3$，$KSCN$，$K_3[Fe(CN)_6]$，$NH_4Fe(SO_4)_2$，NaF，$NiSO_4$。

$1\ mol \cdot L^{-1}$ 的溶液有 $NaAc$，NaH_2PO_4，Na_2HPO_4，$NaHCO_3$，Na_2CO_3，$BaCl_2$，$CuCl_2$，KBr，$Na_2S_2O_3$。

其他：酚酞（1%），甲基橙（1%），丁二肟（1%），TAA（0.5%），丙三醇（甘油），红色石蕊试纸，广泛 pH 试纸。

硫代乙酰胺（缩写 TAA，分子式：CH_3CSNH_2）有氢离子存在时，很快产生硫化氢而分解。

试液（Ⅰ）：取 410 mL 30 % H_2O_2 溶液，倒入大烧杯中，加水稀释至 1000 mL，并搅匀。贮存于棕色瓶中。

试液（Ⅱ）：称取 42 g KIO_3，置于烧杯中，加入适量水，加热使其完全溶解。待冷却后，加入 40 mL 2 mol·L^{-1} H_2SO_4，将混合液稀释至 1000 mL，并搅匀，贮存于棕色瓶中。

试液（Ⅲ）：称取 0.3 g 可溶性淀粉，置于烧杯中，用少量水调成糊状，加入盛有沸水的烧杯中，然后加入 3.4 g $MnSO_4$·$2H_2O$ 和 15.6 g 丙二酸 $CH_2(COOH)_2$，不断搅拌使它们全部溶解。冷却后，加水稀释至 1000 mL，贮存于棕色瓶中。

实验步骤

（一）弱电解质溶液的电离或离解平衡及其移动

1. 往试管中加入 2 mL 2 mol·L^{-1} 氨水溶液，再滴加 1 滴酚酞溶液，观察溶液的颜色。然后将此溶液平均分为两份，其中一份加入 1 滴管的饱和 NH_4Ac 溶液，另一份加入与饱和 NH_4Ac 溶液等体积的去离子水。比较这两种溶液的颜色变化有何不同。

［注意］ 酚酞在水中溶解度甚小，在乙醇中溶解度较大，将酚酞溶于乙醇－水溶液，配成酚酞指示剂。因此酚酞溶液不宜用量过多，否则因酚酞溶解度减小将出现白色浑浊，影响观察。

2. 取 2 ml 1mol·L^{-1} NaAc 溶液加 2 滴酚酞，观察溶液的颜色，将溶液加热至沸腾，溶液颜色有何变化？若用 NH_4Ac 溶液代替 NaAc 溶液，溶液颜色又有何变化？解释现象。

3. 在 2 滴 0.1 mol/L $BiCl_3$ 溶液中加入少量水，有什么现象产生？再加入 2 mol·L^{-1} HCl 溶液，至沉淀溶解，试解释之？

4. 缓冲溶液的配置和性质。利用实验室提供的下列 4 组药品，设法配制相应的 pH 值缓冲溶液 10 mL。

1 mol·L^{-1} HAc 和 1 mol·L^{-1} NaAc	pH = 5
1 mol·L^{-1} NaH_2PO_4 和 1 mol·L^{-1} Na_2HPO_4	pH = 7
0.1 mol·L^{-1} NH_3(aq) 和 0.1 mol·L^{-1} NH_4Cl	pH = 9
1 mol·L^{-1} $NaHCO_3$ 和 1 mol·L^{-1} Na_2CO_3	pH = 11

① 任选做其中之一，计算该组的 2 种药品用量，提出配制的设计方案。配制后，用精密 pH 试纸测定所配制缓冲溶液的 pH 值（应选择哪种 pH 范围的 pH 试纸?），并设法验证该溶液对少量酸碱的缓冲作用。

② 用去离子水代替上述缓冲溶液，加酸或碱前后，pH 值将会如何变化（实验室提供的去离子水的 pH 值是 7.0 吗?）？

通过对比缓冲溶液与水分别加酸或加碱后的 pH 值变化，你对缓冲溶液的性质能得到什么结论？

5. 在离心试管中加入少量的 TAA 溶液（硫代乙酰胺）和 1 滴甲基橙，溶液显何颜色？将溶液分成两份，一份留作对比，另一份加入数滴 $0.1\ mol \cdot L^{-1}$ 的 $AgNO_3$ 溶液，将沉淀离心沉降到试管底部，观察上层清液的颜色有何变化？请解释原因。

（二）难溶电解质的多相离子平衡

1. 沉淀的生成

（1）取 5 滴 $0.01\ mol \cdot L^{-1}\ Pb(Ac)_2$ 溶液，加入 5 滴 $0.02\ mol \cdot L^{-1}\ KI$ 溶液，振荡试管，观察有无沉淀生成？

将上面得到的沉淀连同溶液一起倒入小烧杯中，加入 $10\ mL$ 蒸馏水，用玻璃棒搅动片刻，观察沉淀能否溶解？试用实验结果验证溶度积规则。

（2）取 10 滴 $0.1\ mol \cdot L^{-1}\ AgNO_3$ 溶液于试管中，加入 10 滴 $0.1\ mol \cdot L^{-1}\ K_2CrO_4$ 溶液，记录沉淀的颜色。取 10 滴 $0.1\ mol \cdot L^{-1}\ AgNO_3$ 溶液于试管中，加入 10 滴 $0.1\ mol \cdot L^{-1}\ NaCl$ 溶液，记录沉淀的颜色。

根据溶度积规则说明沉淀产生的原因。

2. 分步沉淀

（1）取 5 滴 $0.1\ mol \cdot L^{-1}\ AgNO_3$ 和 5 滴 $0.1\ mol \cdot L^{-1}\ Pb(NO_3)_2$ 于试管中，加 $3\ mL$ 蒸馏水稀释，摇匀后，逐滴加入 $0.1\ mol \cdot L^{-1}\ K_2CrO_4$ 溶液，并不断振荡试管，观察沉淀的颜色，继续滴加 $0.1\ mol \cdot L^{-1}\ K_2CrO_4$ 溶液，沉淀颜色有何变化？根据沉淀颜色的变化和溶度积规则，判断哪一种难溶物质先沉淀。

（2）在离心试管中逐滴加入 5 滴 $0.1\ mol \cdot L^{-1}\ Na_2S$ 溶液和 5 滴 $0.1\ mol \cdot L^{-1}$ K_2CrO_4 溶液，稀释至 $3\ mL$，逐滴加入 $0.1\ mol \cdot L^{-1}\ Pb(NO_3)_2$ 溶液，振荡离心管，观察首先生成的沉淀是黑色还是黄色？离心沉降后，再向清液中滴加 $0.1\ mol \cdot L^{-1}\ Pb(NO_3)_2$ 溶液，会出现什么颜色的沉淀？根据有关溶度积数据加以说明。

3. 沉淀的转化

（1）取 10 滴 $0.1\ mol \cdot L^{-1}\ AgNO_3$ 溶液于试管中，加入 10 滴 $0.1\ mol \cdot L^{-1}\ K_2CrO_4$ 溶液，振荡，观察沉淀的颜色。再在其中加入 $0.1\ mol \cdot L^{-1}\ NaCl$ 溶液，边加边振荡，直到砖红色沉淀消失，白色沉淀生成为止。解释观察到的现象。

（2）在离心试管中加入 $1\ mL$，$1\ mol \cdot L^{-1}$ 的 $NaCl$ 溶液，然后加入 1 滴 $1\ mol \cdot L^{-1}$ 的 $Pb(NO_3)_2$ 溶液，观察现象，然后将试管离心沉降后，倾去上层溶液，并将沉淀洗涤干净。然后在沉淀中逐滴加入 $0.1\ mol \cdot L^{-1}\ KI$ 溶液，用玻璃棒搅拌，观察沉淀颜色有无变化，写出反应方程式。

4. 沉淀的溶解

（1）在试管中加入 $2\ mL\ 0.1\ mol \cdot L^{-1}\ MgSO_4$ 溶液，加入 $2\ mol \cdot L^{-1}$ 氨水数滴，此时生成的沉淀是什么？再向此溶液中加入 $0.1\ mol \cdot L^{-1}\ NH_4Cl$ 溶液，观察沉淀是否溶解？用离子平衡移动的观点解释上述现象。

（2）在离心试管中加 $1\ mL$，$1\ mol \cdot L^{-1}$ 的 $NaCl$ 溶液，然后加入 1 滴 $1\ mol \cdot L^{-1}$ 的 $Pb(NO_3)_2$ 溶液后离心沉降，倾去上清液后，向沉淀中逐滴加浓盐酸，直至沉淀溶解，写出反应方程式。

（三）氧化还原反应

1. 介质对电极电势及氧化还原反应的影响

（1）介质对高锰酸钾氧化性的影响　往 3 滴 $0.01\ mol \cdot L^{-1}\ KMnO_4$ 溶液中分别加入 2

滴 3 mol·L⁻¹ H₂SO₄ 溶液、6 mol·L⁻¹ NaOH 溶液和 H₂O，使高锰酸钾在不同介质（酸性、碱性、中性）条件下，分别与少量 0.1 mol·L⁻¹ Na₂SO₃ 溶液作用。观察有何不同现象（注意碱性条件下 0.1 mol·L⁻¹ Na₂SO₃ 溶液的用量要尽量少，同时碱溶液用量不宜过少。为什么?）。写出有关反应式。

（2）纯锌与稀 H₂SO₄（1 mol·L⁻¹）反应比较缓慢，为了加速这个反应可以加入几滴 0.1 mol·L⁻¹ CuSO₄ 溶液，通过实验来验证这一现象。为什么加入 CuSO₄ 溶液后能加速 Zn 与 H₂SO₄ 间的反应?

2. 变色溶液 — 摇摆反应

取 2 mL 试液（Ⅰ）于 50 mL 小烧杯中，在搅拌下同时加入 2 mL 试液（Ⅱ）和 2 mL 试液（Ⅲ），即能观察到无色溶液变成琥珀色，约几秒钟后溶液变成蓝黑色，再经过几秒钟后溶液又变为琥珀色，如此反复地周期性改变直至溶液颜色不再变化为止。

通过实验回答下列问题：

（1）摇摆反应的实质是什么? 溶液的颜色为什么不能无限地呈周期性变化下去?

（2）变色溶液最后应是何色? 为什么?

［注释］

① 反应过程中，溶液颜色会发生依次为无色→琥珀色→蓝色反复变化；

② 欲使琥珀色明显，丙二酸数量可适当加大。

（四）配位化合物

1. 配位化合物的生成和组成

（1）在两只试管中各加入 10 滴 0.1 mol·L⁻¹ CuSO₄ 溶液，然后分别加入 2 滴 1 mol·L⁻¹ BaCl₂ 和 1 mol·L⁻¹ NaOH，观察现象（两者是检验 SO₄²⁻ 的和 Cu²⁺ 方法）。

（2）另取 20 滴 0.1 mol·L⁻¹ CuSO₄ 溶液，加入 6 mol·L⁻¹ 氨水至生成深蓝色溶液时（这是什么?），再多加几滴，然后将深蓝色溶液分盛在两只试管中，分别加入 2 滴 1 mol·L⁻¹ BaCl₂ 和 1 mol·L⁻¹ NaOH，观察是否都有沉淀生成。

根据上面实验的结果，说明 CuSO₄ 和 NH₃ 所形成的配位化合物的组成。

2. 简单离子与配位离子的区别

（1）在一只试管中滴入 5 滴 0.1 mol·L⁻¹ FeCl₃ 溶液，再加入 1 滴 0.1 mol·L⁻¹ KSCN 溶液，观察现象（生成硫氰酸铁，溶液呈血红色，这是检验 Fe³⁺ 的方法。将溶液保留以供 4(2)使用）。

（2）以 0.1 mol·L⁻¹ 铁氰化钾 K₃[Fe(CN)₆]代替 FeCl₃，做同样的实验，观察溶液是否呈血红色。

根据实验，说明简单离子和配位离子有何区别。

3. 配位化合物与复盐的区别

在三只试管中，各滴入 10 滴 0.1 mol·L⁻¹ NH₄Fe(SO₄)₂ 溶液，分别检验溶液中含有 NH₄⁺、Fe³⁺ 和 SO₄²⁻。比较 2(2)的实验结果，说明配位化合物和复盐有何区别。

4. 简单离子与配位离子的颜色的比较

（1）在一只试管中，加入 5 滴 1 mol·L⁻¹ CuCl₂ 溶液，逐滴加入浓 HCl，观察溶液颜色的变化，然后逐滴加水稀释，观察颜色有什么改变。解释现象。

（2）在 2(1)保留的溶液中，逐滴加入 0.1 mol·L⁻¹ NaF，观察溶液颜色又逐渐褪去。

试解释原因。

5. Cu 不能从浓 HCl 中置换出氢气，当浓 HCl 中加入少量硫脲后 Cu 就能从 HCl 中置换出氢气，为什么？用实验证明这个现象。（实验室准备的是固体的铜粉）。

6. 用 pH 试纸检验并比较 H_3BO_3 和 H_3BO_3 与甘油混合溶液的酸度，解释观察到的现象。（实验室准备的是固体的硼酸）

7. Ag(Ⅰ)配离子的形成和沉淀的溶解 往离心试管中加入 2 滴 0.1 mol·L^{-1} $AgNO_3$ 溶液，然后按以下次序进行实验。写出每一步骤主要生成物的化学式。

（a）滴加 0.1 mol·L^{-1} NaCl 溶液至刚生成沉淀；

（b）滴加 2 mol·L^{-1} 氨水溶液至沉淀刚溶解；

（c）滴加 0.1 mol·L^{-1} NaCl 溶液至刚生成沉淀；

（d）滴加 6 mol·L^{-1} 氨水溶液至沉淀刚溶解；

（e）滴加 1 mol·L^{-1} KBr 溶液至刚生成沉淀；

（f）滴加 1 mol·L^{-1} $Na_2S_2O_3$ 溶液至沉淀溶解；

（g）滴加 0.1 mol·L^{-1} KI 溶液至刚生成沉淀。

8. Ni(Ⅱ)配合物颜色的变化 往 0.1 mol·L^{-1} $NiSO_4$ 溶液中加入 0.5 mL 6 mol·L^{-1} 氨水，观察作用后的颜色变化，再加入 1～2 滴丁二肟(wò)溶液，观察鲜红色沉淀的生成。

 思考题

1. 沉淀生成的条件是什么？将 0.01 mol·L^{-1} $Pb(Ac)_2$ 溶液和 0.02 mol·L^{-1} KI 以等体积混合，根据溶度积规则，判断能否产生沉淀？

2. 什么叫做分步沉淀？怎样根据溶度积的计算判断本实验中沉淀先后的次序？

3. 在 Ag_2CrO_4 沉淀中加入 NaCl 溶液，将会产生什么现象？

4. 在 $Mg(OH)_2$ 沉淀中加入 NH_4Cl；在 ZnS 沉淀中加入稀 HCl，沉淀是否会溶解？为什么？

5. 怎样根据实验的结果推断铜氨配位离子的生成、组成和离解？

6. 配位化合物和复盐有何区别？如何证明？

7. AgCl、$Cu_2(OH)_2SO_4$ 都能溶于过量氨水，PbI_2 和 HgI_2 都能溶于过量 KI 溶液中，为什么？它们各生成什么物质？

注：实验报告在 169 页。

第五章　元素性质实验

实验 11　氧、硫、氮、磷

♨**实验目的**

1. 熟悉 VA、VIA 族元素一些重要化合物的性质；

2. 进行一些阴离子的分离和检出，学会观察实验现象、判断反应结果，培养分析、解决问题的能力。

♨**实验原理**

氧和硫，氮和磷分别是周期系 VA、VIA 族元素。

氧和氢的化合物除了水以外，还有过氧化氢。在 H_2O_2 分子中氧的氧化值为 -1，介于 0 和 -2 之间，所以 H_2O_2 既具有氧化性又显还原性，但其氧化性较为突出。当它做氧化剂时，还原产物是 H_2O 和 OH^-，作为还原剂时其氧化产物是 O_2。

H_2O_2 具有极弱的酸性，在水溶液中微弱地电离出氢离子 H^+（$K_{a1}^\theta = 2.24 \times 10^{-12}$，$K_{a2}^\theta \approx 10^{-25}$），酸性比 H_2O 稍强。H_2O_2 不太稳定，在室温下分解速度较慢，见光、受热或当有 MnO_2 及其他重金属离子存在时可加速 H_2O_2 的分解（发生催化分解）。

H_2S 中的 S 氧化值为 -2，它是还原剂。如：碘能将 H_2S 氧化成单质硫，而更强的氧化剂如 $KMnO_4$ 甚至可以将 H_2S 氧化为硫酸。H_2S 可与多种金属离子生成具有特殊颜色的金属硫化物沉淀，金属硫化物在水中的溶解度是不同的。例如：Na_2S 可溶；ZnS 难溶于水，但易溶于稀盐酸；CuS 不溶于盐酸，需用硝酸溶解；HgS 溶于王水。根据金属硫化物的溶解度和颜色的不同，可以用来分离和鉴定金属离子。

S^{2-} 能与稀酸反应产生 H_2S 气体，可以根据 H_2S 特有的臭鸡蛋气味，或能使 $Pb(Ac)_2$ 试纸变黑（由于生成 PbS）的现象检出 S^{2-}；此外在弱碱性条件下，它能与亚硝酰铁氰化钠 $Na_2[Fe(CN)_5NO]$ 反应生成紫红色配合物，利用这种特征反应也能鉴定 S^{2-}。

$$S^{2-} + [Fe(CN)_5NO]^{2-} = [Fe(CN)_5NOS]^{4-}$$

可溶性硫化物和硫作用可以形成多硫化物，例如：

$$Na_2S + (x-1)S = Na_2S_x$$

多硫化物在酸性介质中生成多硫化氢。多硫化氢不稳定，极易分解成 H_2S 和 S。

SO_2 溶于水生成亚硫酸，溶液呈酸性。硫的氧化值为 +4，介于 -2 与 +6 之间，所以 SO_2 既具有氧化性又具有还原性。SO_2 具有漂白性，能与某些有色有机物生成无色加成物，但这种加成物受热易分解。

SO_3^{2-} 能与 $Na_2[Fe(CN)_5NO]$ 反应生成红色化合物，加入硫酸锌的饱和溶液和 $K_4[Fe(CN)_6]$ 溶液，可使红色更显著（其组成尚未确定）。利用这个反应可以鉴定 SO_3^{2-} 的存在。

硫代硫酸不稳定，易分解为 S 和 SO_2，其反应为：

$$H_2S_2O_3 = H_2O + S\downarrow + SO_2$$

$Na_2S_2O_3$ 是一个重要的还原剂，能将 I_2 还原为 I^- 而本身被氧化为连四硫酸钠，其反应为：

$$2\,Na_2S_2O_3 + I_2 = Na_2S_4O_6 + 2NaI$$

较强的氧化剂如氯气可将 $Na_2S_2O_3$ 氧化为 Na_2SO_4。

$S_2O_3^{2-}$ 与 Ag^+ 反应，首先生成白色的硫代硫酸银沉淀，它在水溶液中极不稳定，会迅速变黄色，棕色，最后变为黑色的硫化银沉淀。根据分解过程中观察到的一系列明显的颜色变化（白→黄→棕→黑），可用来鉴定 $S_2O_3^{2-}$ 的存在。

如果溶液中同时存在 S^{2-}、SO_3^{2-} 和 $S_2O_3^{2-}$，需要逐个加以鉴定时，必须先将 S^{2-} 除去，因 S^{2-} 的存在妨碍 SO_3^{2-} 和 $S_2O_3^{2-}$ 的鉴定。除去 S^{2-} 的方法是在含有 S^{2-}、SO_3^{2-} 和 $S_2O_3^{2-}$ 的混合溶液中，加入 $PbCO_3$ 固体，使 $PbCO_3$ 转化为溶解度更小的 PbS 沉淀，离心分离后，在清液中再分别鉴定 SO_3^{2-} 和 $S_2O_3^{2-}$。

硝酸是强酸，也是强氧化剂。许多非金属容易被浓硝酸氧化为相应的酸，而硝酸本身被还原为 NO。金属除金、铂以及一些稀有金属外，都能与硝酸作用生成硝酸盐，硝酸本身被还原后的产物，一方面取决于其本身的浓度，另一方面又受金属的还原剂性质的影响。一般来说浓硝酸主要被还原为 NO_2，稀硝酸通常被还原为 NO；当稀硝酸与铁、锌、镁等活泼金属作用时，主要被还原为 N_2O；若硝酸很稀则主要被还原为 NH_3，后者与过量的硝酸反应而生成铵盐。硝酸盐的热稳定性较差，加热放出的氧气和可燃物质混合后极易燃烧而引起爆炸。

亚硝酸可通过亚硝酸盐和酸的相互作用制得，它仅存于低温水溶液中，很不稳定，易分解：

$$2HNO_2 \rightleftharpoons H_2O + N_2O_3 \rightleftharpoons H_2O + NO + NO_2$$

N_2O_3 为中间产物，在水溶液中呈浅蓝色，不稳定，进一步分解为 NO 和 NO_2。

亚硝酸盐很稳定，但有毒。在亚硝酸及其盐中，氮原子的氧化数为 +3，既具氧化性，又具还原性。在酸性介质中亚硝酸盐的氧化能力是相当强的。

磷酸是一种非挥发性的中强酸，它可以形成三种不同类型的盐，在各类磷酸盐溶液中，加入 $AgNO_3$ 溶液都可得到黄色的磷酸银沉淀，磷酸的各种钙盐在水中的溶解度不相同。$Ca(H_2PO_4)_2$ 易溶于水，而 $Ca_3(PO_4)_2$ 和 $CaHPO_4$ 则难溶于水，但能溶于盐酸。在 $CaHPO_4$ 和 $Ca(H_2PO_4)_2$ 中加入稀氨水，由于氨水的中和作用，$CaHPO_4$ 沉淀转化为 $Ca_3(PO_4)_2$ 沉淀，而 $Ca(H_2PO_4)_2$ 沉淀转化为 $CaHPO_4$ 沉淀。这些沉淀皆溶于稀盐酸。

PO_4^{3-} 能与钼酸铵反应，在酸性条件下生成黄色难溶的晶体，故可用钼酸铵来鉴定 PO_4^{3-}。其反应如下：

$$PO_4^{3-}+3NH_4^++12MoO_4^{2-}+24H^+=(NH_4)_3PO_4 \cdot 12MoO \cdot 6H_2O\downarrow+6H_2O$$

NO_3^- 可用棕色环法鉴定，其反应如下：

$$3Fe^{2+}+NO_3^-+4H^+=3Fe^{3+}+2H_2O+NO$$

$$NO+Fe^{2+}=Fe(NO)^{2+}（棕色）$$

NO_2^- 也能产生同样的反应，因此当有 NO_2^- 存在时，需先将 NO_2^- 除去。除去的方法是在混合液中加饱和 NH_4Cl，一起加热，反应如下：

$$NH_4^++NO_2^-=N_2\uparrow+2H_2O$$

NO_2^- 和 $FeSO_4$ 在 HAc 溶液中能生成棕色 $[Fe(NO)]SO_4$ 溶液，利用这个反应可以鉴定 NO_2^- 的存在（检验 NO_3^- 时，必须用浓硫酸）。

$$NO_2^-+Fe^{2+}+2HAc=NO+Fe^{3+}+2Ac^-+H_2O$$

$$NO+Fe^{2+}=Fe(NO)^{2+}（棕色）$$

NH_4^+ 常用两种方法鉴定：

(1) 用 NaOH 和 NH_4^+ 反应生成 NH_3，使湿润红色石蕊试纸变蓝。

(2) 用奈斯勒试剂（$K_2[HgI_4]$ 的碱性溶液）与 NH_4^+ 反应产生红色沉淀，其反应为：

$$NH_4^++2[HgI_4]^{2-}+4OH^-=[O(Hg)_2NH_2]I\downarrow+3H_2O+7I^-$$

⚛ 仪器和试剂

1. 仪器

煤气灯，烧杯，试管，试管架，点滴板，洗瓶，玻璃棒，滤纸片，离心试管。

2. 试剂

固体药品：锌粉，硫磺粉，铜屑，$FeSO_4 \cdot 7H_2O$，$PbCO_3$，KNO_3。

酸：HNO_3(2 mol·L^{-1}，浓)，H_2SO_4(1 mol·L^{-1}，3 mol·L^{-1}，1:1，浓)，
　　HAc(2 mol·L^{-1})，HCl(2 mol·L^{-1})。

碱：NaOH(2 mol·L^{-1}，6 mol·L^{-1})，$NH_3 \cdot H_2O$(2 mol·L^{-1}，6 mol·L^{-1})。

盐：NH_4Cl，KI，KNO_3，Na_3PO_4，Na_2HPO_4，NaH_2PO_4，$AgNO_3$，$Na_2S_2O_3$，
　　$FeCl_3$，$MnSO_4$，$K_4[Fe(CN)_6]$，$CaCl_2$，Na_2SO_3(以上浓度均为 0.1 mol·L^{-1})，
　　$ZnSO_4$(0.1 mol·L，饱和)，$NaNO_2$(0.1 mol·L^{-1}，1 mol·L^{-1})，NH_4Cl(饱
　　和)，$KMnO_4$(0.01 mol·L^{-1})。

其他：$(NH_4)_2MoO_4$ 溶液，$Na[Fe(CN)_5NO]$(1%)，I_2 水，品红溶液(0.1%)，淀粉
　　溶液 SO_2 水溶液(饱和)，H_2S 水溶液(饱和)，H_2O_2(3%)，奈斯勒试剂，pH
　　试纸，红色石蕊试纸，滤纸条。

⚛ 实验步骤

1. 过氧化氢的性质

（1）在稀酸介质中，H_2O_2 分别与 $KMnO_4$、KI 反应，观察溶液颜色的变化，解释现象并写出反应方程式。

（2）在稀碱介质中，观察 H_2O_2 如何将 Mn^{2+} 氧化成 MnO_2；在稀酸介质中 H_2O_2 又能使生成的 MnO_2 还原为 Mn^{2+}，观察现象并写出反应方程式。

在（1）、（2）实验中 H_2O_2 各具有什么性质。

[注意] 反应介质对 H_2O_2 的氧化性与还原性的影响。

2. 硫化氢和硫化物

（1）用 H_2S 水溶液分别与 $KMnO_4$、$FeCl_3$ 反应。根据实验现象说明 H_2S 具有什么性质。写出反应方程式。

（2）制取少量 ZnS、CdS、CuS、HgS，观察硫化物的颜色。

（3）用 $1\ mol \cdot L^{-1}\ HCl$、$6\ mol \cdot L^{-1}\ HCl$、浓 HNO_3、王水（浓 HNO_3 和浓 HCl 的体积比是 $1:3$）测试 ZnS、CdS、CuS、HgS 的溶解性。

（4）总结以上四种硫化物的溶解性。

[注意]

①测试硫化物的溶解性如现象不明显可以微热。

②在不溶于 HCl 的金属硫化物中，继续加入浓 HNO_3 处理时，需用少量蒸馏水洗涤沉淀，以除去 Cl^-。

③当 H_2S 水溶液逐滴加到 $Hg(NO_3)_2$ 溶液中来制取 HgS 时，由于生成的少量 HgS 与 $Hg(NO_3)_2$ 之间形成一系列的中间产物，颜色由白→黄→棕→黑。（$Hg(NO_3)_2 \cdot 2HgS$ 沉淀为白色，继续加 H_2S 时，沉淀渐渐变为黄色、棕色，最后生成黑色沉淀。）

④当 H_2S 浓度较低，得不到黑色 HgS 时，可加少量 Na_2S 即生成黑色沉淀。

3. H_2SO_3、$H_2S_2O_3$ 及其盐的性质

（1）用蓝色石蕊试纸检验 SO_2 饱和溶液是否呈酸性？用饱和 SO_2 水溶液分别与 I_2、H_2S 水溶液及品红溶液反应，观察反应现象，写出 SO_2 水溶液分别与 I_2、H_2S 反应的方程式，总结 H_2SO_3 的性质。

（2）在少量 $Na_2S_2O_3$ 溶液中加入稀 HCl 静置片刻，观察现象，写出反应方程式，并说明 $H_2S_2O_3$ 的性质。

（3）在少量碘水中逐滴加入 $Na_2S_2O_3$ 溶液，观察碘水颜色的变化，写出反应方程式，并说明 $Na_2S_2O_3$ 的性质。

4. S^{2-}、SO_3^{2-}、$S_2O_3^{2-}$ 的鉴定和分离

（1）在点滴板上滴入 Na_2S，然后滴入 $1\%\ Na_2[Fe(CN)_5NO]$，观察溶液颜色。出现紫红色即表示有 S^{2-}。

（2）在点滴板上滴入 2 滴饱和 $ZnSO_4$，然后加入 1 滴 $0.1\ mol \cdot L^{-1}K_4[Fe(CN)_6]$ 和 1 滴 $1\%\ Na_2[Fe(CN)_5NO]$，并且 $NH_3 \cdot H_2O$ 使溶液呈中性，再滴加 SO_3^{2-} 溶液，出现红色沉淀即表示有 SO_3^{2-}。

（3）在点滴板上滴入 1 滴 $Na_2S_2O_3$，然后加入 2 滴 $AgNO_3$，生成沉淀，颜色由白→黄→棕→黑即表示有 $S_2O_3^{2-}$。

（4）取一份 S^{2-}、SO_3^{2-}、$S_2O_3^{2-}$ 混合液，先取出少量溶液鉴定 S^{2-}，然后在混合溶液中加入少量固体 $PbCO_3$，充分搅动，离心分离弃去沉淀，取 1 滴分离后的溶液，用

$Na_2[Fe(CN)_5NO]$ 试剂检验 S^{2-} 是否沉淀完全。如不完全，离心液重复用 $PbCO_3$ 处理直至 S^{2-} 完全被除去，离心分离，将离心液分成两份分别鉴定 SO_3^{2-} 和 $S_2O_3^{2-}$。

[注意]

①根据以上离子鉴定和分离的步骤，先设计一张简表便于进行分离和鉴定。

②在 S^{2-}、SO_3^{2-}、$S_2O_3^{2-}$ 混合液中要鉴定 SO_3^{2-} 和 $S_2O_3^{2-}$，必须先将 S^{2-} 除去，且需验证 S^{2-} 已被除尽。

5. 硝酸和硝酸盐的性质

（1）选用稀 HNO_3 和浓 HNO_3 分别与 S、Zn、Cu 反应，注意观察气体与溶液的颜色。写出反应方程式。

（2）通过实验来验证 Zn 和 HNO_3 反应的产物之一为 NH_4^+。总结以上浓、稀硝酸与金属、非金属反应的规律。

（3）取少量 KNO_3 晶体，加热熔化，将带余烬的火柴投入试管中观察现象并解释之。

[注意]

①锌粉与浓，稀硝酸间的反应都较为激烈，所以反应时 Zn 粉用量要少，HNO_3 加入的速度要慢。

②上述实验（3）中，反应需在干燥的试管中进行。

6. 亚硝酸和亚硝酸盐

（1）选用 $NaNO_2$ 和 H_2SO_4 为原料制取少量 HNO_2，观察溶液的颜色和液面上气体的颜色，解释现象，并写出反应方程式。

（2）用 $NaNO_2$ 溶液分别与 $KMnO_4$、KI 反应，观察现象，写出反应方程式。说明上述两个反应中 $NaNO_2$ 各显什么性质？

[注意] 在 $NaNO_2$ 与 $KMnO_4$、KI 反应中需要加酸酸化，但应选用无氧化性的酸为好。

7. 磷酸盐的性质

（1）制取少量 $Ca_3(PO_4)_2$、$CaHPO_4$、$Ca(H_2PO_4)_2$，观察这三种钙盐在水中的溶解性，各加入氨水后有何变化？再加入盐酸后有何变化？解释现象并写出反应方程式。

（2）用 pH 试纸分别试验 $0.1\ mol \cdot L^{-1}$ Na_3PO_4、Na_2HPO_4 和 NaH_2PO_4 溶液的酸碱性，然后向其中滴加 $AgNO_3$ 溶液，观察黄色磷酸银沉淀的生成。再分别用 pH 试纸测试它们的酸碱性，前后对比各有何变化？试加以解释。

[注意] 除碱金属与铵盐外，其他金属离子只有与 $H_2PO_4^-$ 生成的盐是可溶的，其余都不溶。

8. NH_4^+、NO_3^-、NO_2^-、PO_4^{3-} 的鉴定

（1）NH_4^+：用两块干燥的表面皿，一块表面皿滴入 NH_4Cl 与 NaOH，另一块贴上湿的红色石蕊试纸或滴有奈斯勒试剂的滤纸条，然后把两块表面皿扣在一起做成气室，若红色石蕊试纸变蓝或奈斯勒试剂变红棕色，则表示有 NH_4^+ 存在。

（2）NO_3^-：取少量 $0.1\ mol \cdot L^{-1}$ KNO_3 溶液和数粒 $FeSO_4 \cdot 7H_2O$ 晶体，振荡溶解后，在混合溶液中，沿试管壁慢慢滴入浓 H_2SO_4，观察浓 H_2SO_4 和液面交界处有棕色环生成，则表示 NO_3^- 的存在。

（3）NO_2^-：取少量 $0.1\ mol \cdot L^{-1}$ $NaNO_2$ 溶液，用 $2\ mol \cdot L^{-1}$ HAc 酸化，再加入数

粒 $FeSO_4 \cdot 7H_2O$ 晶体，若有棕色出现，则表示有 NO_2^- 存在。

（4）PO_4^{3-} 取少量 $0.1\ mol \cdot L^{-1}\ Na_3PO_4$ 溶液，加入 10 滴浓 HNO_3，再加入 20 滴钼酸铵试剂，微热至 40～50 ℃，若有黄色沉淀生成，则表示有 PO_4^{3-} 存在。

［注意］ 由于磷钼酸铵能溶于过量磷酸盐中，所以在鉴定 PO_4^{3-} 时要加过量钼酸铵试剂。

思考题

1. 把 H_2S 气体通入 $0.2\ mol \cdot L^{-1}\ Zn^{2+}$ 溶液中并使 Zn^{2+} 完全沉淀为 ZnS，溶液的最低 pH 值为多少？

2. 现有两瓶溶液 $NaNO_2$ 和 $NaNO_3$，请你设计三种区别它们的方案。

3. 有四瓶固体 Na_2S、$NaHSO_4$、$NaHSO_3$ 和 $Na_2S_2O_3$，设法通过实验鉴别。

4. 有一 Cu^{2+} 和 Zn^{2+} 的混合溶液，试用一种最简便的方法来分离这两种离子。

实验 12　氯、溴、碘

♨实验目的

1. 通过实验掌握卤化氢还原性的强弱、氯的含氧酸及其盐的性质；

2. 学习挥发性气体的检测方法；

3. 巩固试管振荡、离心分离、水浴加热等基本操作；

4. 学会 Cl^-、Br^-、I^- 的离子鉴定与分离。

♨实验原理

1. 卤素单质和卤化氢

氯、溴、碘是周期表中 ⅦA 族元素，在化合物中最常见的氧化值为 -1，但在一定条件下可生成氧化值为 $+1$、$+3$、$+5$、$+7$ 的化合物。

卤素是氧化剂，它们的氧化性按下列顺序变化：

$$F_2 > Cl_2 > Br_2 > I_2$$

而卤素离子的还原性，按相反顺序变化：

$$I^- > Br^- > Cl^- > F^-$$

例如：HI 能将浓 H_2SO_4 还原为 H_2S，HBr 可将浓 H_2SO_4 还原为 SO_2，而 HCl 则不能还原浓 H_2SO_4。

2. 次氯酸盐

氯的水溶液叫做氯水，氯水中存在下列平衡：

$$Cl_2 + H_2O \rightleftharpoons HCl + HClO$$

当 pH < 4 时，上述反应向左进行，即次氯酸盐与盐酸作用生成氯气。

当 pH>4 时，Cl_2 的歧化反应才能进行。当溶液的 pH 值增大时，平衡向右移动。实际上相当于卤素在碱溶液中发生如下歧化反应：

$$X_2 + 2OH^- \rightarrow X^- + OX^- + H_2O \tag{1}$$

$$3OX^- \rightarrow 2X^- + XO_3^- \tag{2}$$

氯在 20 ℃时，只有反应（1）进行得很快，在 70 ℃时，反应（2）才进行得很快，因此将氯气通入冷的碱溶液中，可生成次氯酸盐。次氯酸和次氯酸盐都是强氧化剂。次氯酸盐溶液还具有漂白性，但次氯酸盐的漂白性主要是基于它的氧化性。

3. 氯酸盐及其他卤化物

氯酸盐在中性溶液中，没有明显的氧化性，但在酸性介质中能表现出明显的氧化性。所以虽然固体 $KClO_3$ 是强氧化剂，但是 $KClO_3$ 溶液只有在酸性条件下才有较强的氧化性。而且随着溶液酸度的增强，其氧化性也越来越强。例如：$KClO_3$ 溶液与 KI 溶液反应时，随着溶液酸性的增强，会将 I^- 离子依次氧化为 I^-、I_2、IO_3^-。

Cl^-、Br^-、I^- 离子能和 Ag^+ 生成难溶于水的 AgCl（白色）、AgBr（淡黄色）、AgI（黄色）沉淀，它们都不溶于稀 HNO_3。AgCl 在氨水和 $AgNO_3$—NH_3 溶液中，由于生成配离子 $[Ag(NH_3)_2]^+$ 而溶解，其反应为：

$$AgCl + 2NH_3 = [Ag(NH_3)_2]^+ + Cl^-$$

利用这个性质，可以将 AgCl 和 AgBr、AgI 分离。在分离 AgBr、AgI 后的溶液中，加入 HNO_3 酸化，则 AgCl 又重新沉淀，其反应为：

$$[Ag(NH_3)_2]^+ + Cl^- + 2H^+ = AgCl\downarrow + 2NH_4^+$$

Br^- 和 I^- 可以被氯水氧化为 Br_2 和 I_2，如果用 CCl_4 萃取，Br_2 在 CCl_4 层中呈橙黄色，I_2 在 CCl_4 层中呈紫色，借此可鉴定 I^- 和 Br^-。

仪器和试剂

1. 仪器

试管，离心试管，试管架，恒温水浴，离心机，滴管，煤气灯。

2. 试剂

固体药品：NaCl，KBr，KI，锌粉。

酸：H_2SO_4（1 mol·L^{-1}，1∶1 浓），HCl（2 mol·L^{-1}，浓），HNO_3（2 mol·L^{-1}）。

碱：NaOH（2 mol·L^{-1}），$NH_3 H_2O$（6 mol·L^{-1}），盐：NaCl（0.1 mol·L^{-1}），KBr（0.1 mol·L^{-1}），KI（0.1 mol·L^{-1}），$AgNO_3$（0.1 mol·L^{-1}），$Pb(Ac)_2$（0.1 mol·L^{-1}），$Na_2S_2O_3$（0.1 mol·L^{-1}），$KClO_3$（饱和）。

其他：氯水，淀粉溶液，品红溶液，CCl_4，pH 试纸，滤纸条。

实验步骤

1. 卤化氢还原性比较

（1）自行制备淀粉—KI 试纸和 $Pb(Ac)_2$ 试纸。（这两种试纸可分别用来检测何种物质的存在？）

（2）在三只试管中分别加入少量 NaCl、KBr 和 KI 固体，加入少量去离子水配成饱和溶液，然后向试管中滴加 1∶1 浓硫酸，边加边摇动试管，观察试管中液体的颜色有何变化？同时分别用湿润的 pH 试纸、淀粉—KI 试纸和 Pb(Ac)$_2$ 试纸悬放在试管口的上方，观察试纸颜色有何变化，请说明原因，并写出化学反应方程式。

		NaCl	KBr	KI
加入浓 H$_2$SO$_4$/现象				
湿润的 pH 试纸	现象			
	原因			
淀粉—KI 试纸	现象			
	原因			
Pb(Ac)$_2$ 试纸	现象			
	原因			
总反应方程式				

2. 次氯酸盐的性质

取 5 mL 氯水，逐滴加入 2 mol·L^{-1} 的 NaOH 至溶液的 pH ＝ 8～9（反应生成什么？），将溶液分成三份，分别进行以下实验：

（1）加入 2 mol·L^{-1} 的 HCl 至溶液的 pH＜4（为什么？），用自制的淀粉—KI 试纸悬放在试管口部，观察有什么现象发生，写出化学反应方程式。

（2）向试管中加入 0.1 mol·L^{-1} 的 KI 溶液，摇动试管，然后加入少量淀粉溶液，观察有什么现象发生，请解释原因。

（3）在第三只试管中加入 1～2 滴品红溶液，观察有无现象发生。

3. 氯酸盐的性质

（1）取少量饱和 KClO$_3$ 溶液，于其中逐滴加入浓 HCl，边加边摇动试管，将自制的淀粉—KI 试纸悬放在试管口部，观察有什么现象发生，请解释实验现象，并写出化学反应方程式。

（2）在饱和 KClO$_3$ 和 0.1 mol·L^{-1} KI 的混合溶液中，慢慢地滴入 1∶1 的 H$_2$SO$_4$，边滴加边摇动试管，观察试管内溶液颜色的变化及沉淀物的生成和溶解。请写出每步的实验现象和相应的化学反应方程式，请将实验结果以表格的形式表示出来。如：

		饱和 KClO$_3$＋0.1 mol·L^{-1} KI
1∶1　H$_2$SO$_4$	实验现象	
	反应方程式	
继续滴加 1∶1　H$_2$SO$_4$	实验现象	
	反应方程式	
再继续滴加 1∶1　H$_2$SO$_4$	实验现象	
	反应方程式	

4. 卤素离子的鉴定和分离

取一份未知溶液，请按如下步骤操作，鉴定是否有卤离子存在，若存在，请说明为何种离子？

（1）取未知液 5 mL，先用 2 mol·L^{-1} HNO$_3$ 酸化，再逐滴加入 0.1 mol·L^{-1} AgNO$_3$

溶液，边加边摇动试管，至不再有沉淀生成为止。将沉淀离心沉降到试管底部，在上层清液中再滴加一滴 $AgNO_3$ 溶液，如无沉淀生成，则弃去上层清液（若有沉淀生成，则继续沉淀至完全），并洗涤沉淀（如何洗涤？）。

（2）在沉淀中加入 $AgNO_3$—NH_3 溶液（自行制备）5 mL，温热并搅拌，若有沉淀生成，则待沉淀完全后，离心沉降，并将沉淀与清液分离待用。

（3）在清液中加入少许 HNO_3 酸化，若出现白色沉淀，则说明待测液中存在什么离子？为什么？

（4）将沉淀洗涤后，加入少量去离子水和锌粉，加入少许 H_2SO_4 酸化（目的是什么？），加热并搅拌片刻，静置，将清液与残渣（是什么？）分离。

（5）在清液中加入一定体积的 CCl_4，然后逐滴向溶液中滴加氯水，边加边振荡试管使反应和萃取都能充分进行，若 CCl_4 层呈紫色，则说明有什么离子存在？

（6）待上述离子萃取完全后，将紫色的 CCl_4 层除去，重新加入一定量的 CCl_4，继续滴加氯水，重复上面的操作，若 CCl_4 层呈现橙黄色，则说明有何种离子存在？

 思考题

1．用 pH 试纸检测气体时，为什么必须首先将试纸润湿？

2．pH 试纸、淀粉—KI 试纸和 $Pb(Ac)_2$ 试纸可分别用于检测何种物质的存在？

3．用氯水检验 Br^- 的存在时，如氯水过量，则 CCl_4 层的颜色由橙黄色变为淡黄色，为什么？

4．$AgNO_3$—NH_3 溶液如何进行配制？

实验 13　铁、钴、镍

☝**实验目的**

1. 了解铁、钴、镍的氢氧化物的制备、酸碱性、空气中的稳定性，以及 $M(OH)_2$ 还原性、$M(OH)_3$ 氧化性的递变规律；
2. 了解 Fe^{2+}、Fe^{3+}、Co^{2+}、Co^{3+}、Ni^{2+} 配合物的形成及主要特征；
3. 掌握 Fe^{2+}、Fe^{3+}、Co^{2+}、Ni^{2+} 离子的鉴定方法。

☝**实验原理**

1. 铁、钴、镍的氢氧化物的氧化还原性

铁、钴、镍属周期系第Ⅷ族元素，都是银白色金属，性质很相似，俗称铁系元素，在化合物中常见的氧化值为+2、+3，都能生成不溶于水而易溶于稀酸的难溶硫化物。

钴、镍的+2 价氢氧化物的合成过程中都会出现中间状态：

$$Co^{2+} \xrightarrow{\text{NaOH,Cl}^-} Co(OH)Cl（蓝） \xrightarrow{\text{OH}^-\text{过量}} Co(OH)_2（粉红色）$$

$$Ni^{2+} \xrightarrow{\text{NaOH,Cl}^-} Ni(OH)Cl（绿） \xrightarrow{\text{OH}^-\text{过量}} Ni(OH)_2（苹果绿）$$

铁、钴、镍的+2 价氢氧化物在空气中的稳定程度各不相同，$Fe(OH)_2$ 很快被氧化成红棕色 $Fe(OH)_3$，但往往看到的先是部分被氧化的灰绿色中间产物，随后变为棕褐色。而 $Co(OH)_2$ 缓慢地被氧化成褐色 $Co(OH)_3$，$Ni(OH)_2$ 与氧则不起作用，若用强氧化剂，如溴水，则可使 $Ni(OH)_2$ 氧化成 $Ni(OH)_3$。由此可以得出+2 价铁、钴、镍氢氧化物还原性的变化规律。

$$2NiSO_4 + Br_2 + 6NaOH = 2Ni(OH)_3\downarrow + 2NaBr + 2Na_2SO_4$$

铁、钴、镍+3 价氢氧化物的氧化性：除 $Fe(OH)_3$ 外，$Ni(OH)_3$、$Co(OH)_3$ 与 HCl 作用，都能产生氯气：

$$2Ni(OH)_3 + 6HCl = 2NiCl_2 + Cl_2\uparrow + 6H_2O$$

$$2Co(OH)_3 + 6HCl = 2CoCl_2 + Cl_2\uparrow + 6H_2O$$

2. 铁、钴、镍盐的配位反应性能

除水解、氧化还原外，铁、钴、镍的盐类在水溶液中还能发生配位反应，可以生成很多配合物，其中常见的有 $K_4[Fe(CN)_6]$、$[Co(NH_3)_6]Cl_3$、$[Ni(NH_3)_6]SO_4$ 等。

Fe^{3+} 和 Fe^{2+} 都能形成稳定的配合物，如：$K_4[Fe(CN)_6]$、$K_3[Fe(CN)_6]$。在 Fe^{3+} 溶液中加入 $K_4[Fe(CN)_6]$ 溶液，在 Fe^{2+} 溶液中加入 $K_3[Fe(CN)_6]$ 溶液都能产生"铁蓝"沉淀。

$$x Fe^{3+} + x[Fe(CN)_6]^{4-} + x K^+ = [KFe(CN)_6Fe]_x\downarrow（普鲁士蓝）$$

$$x Fe^{2+} + x[Fe(CN)_6]^{3-} + x K^+ = [KFe(CN)_6Fe]_x\downarrow（滕氏蓝）$$

这两个反应分别用来鉴定 Fe^{3+} 和 Fe^{2+} 离子。

Co(Ⅱ)的配合物在水溶液中稳定性较差，例如$[Co(SCN)_4]^{2-}$在水溶液中易于离解，但在丙酮中则较稳定。Co(Ⅲ)在水溶液中不能稳定存在，难以与配体直接形成配合物，通常由Co(Ⅱ)盐在含有配位体的溶液中，借氧化剂氧化而得：

$$4[Co(NH_3)_6]^{2+} + O_2 + 2H_2O = 4[Co(NH_3)_6]^{3+} + 4OH^-$$

而Ni的配合物则以+2价的比较稳定，Ni(Ⅲ)的配合物比较少见，且不稳定。

Ni^{2+}溶液与二乙酰二肟在溶液中作用，可生成鲜红色螯合物沉淀二丁二肟合镍（Ⅱ）：这一反应可用于鉴定Ni^{2+}离子。

⚗ 仪器和试剂

1. 仪器

试管，离心试管，试管架，试管夹，煤气灯，点滴板，滴管。

2. 试剂

固体药品：$FeSO_4 \cdot 7H_2O$。

酸：HCl（$2\ mol \cdot L^{-1}$，浓），H_2SO_4（$1\ mol \cdot L^{-1}$），HAc（$2\ mol \cdot L^{-1}$），H_2S（饱和水溶液）。

碱：NaOH（$2\ mol \cdot L^{-1}$），$NH_3 \cdot H_2O$（$2\ mol \cdot L^{-1}$）。

盐：$K_4[Fe(CN)_6]$（$0.1\ mol \cdot L^{-1}$），$K_3[Fe(CN)_6]$（$0.1\ mol \cdot L^{-1}$），$CoCl_2$（$0.1\ mol \cdot L^{-1}$、$0.5\ mol \cdot L^{-1}$），$NiSO_4$（$0.1\ mol \cdot L^{-1}$、$0.5\ mol \cdot L^{-1}$），$FeCl_3$（$0.1\ mol \cdot L^{-1}$），KI（$0.1\ mol \cdot L^{-1}$），KSCN（饱和），NH_4Cl（$1\ mol \cdot L^{-1}$）。

其他：溴水，淀粉溶液，二乙酰二肟（1%），丙酮，滤纸条。

⚗ 实验步骤

1. 铁、钴、镍+3、+2价氢氧化物的制备与性质

（1）铁、钴、镍+3价氢氧化物的制备及其氧化性

① $Fe(OH)_3$沉淀的生成：在盛有2 mL $0.1\ mol \cdot L^{-1}$ $FeCl_3$溶液的离心试管中，逐滴滴加$2\ mol \cdot L^{-1}$ NaOH溶液，边加边摇动试管，观察沉淀的颜色和状态，将沉淀离心沉降后，吸去上层清液，向试管中滴加几滴浓HCl，加热，观察有无氧化还原反应发生。如何进行检验？

② $Co(OH)_3$沉淀的生成：在$0.1\ mol \cdot L^{-1}$ $CoCl_2$溶液中，先加入少量溴水，再加入$2\ mol \cdot L^{-1}$的NaOH溶液，边加边摇动试管，直至沉淀全部生成。将沉淀离心沉降，倾去上层液体，并洗涤沉淀2～3次（要确保将沉淀洗涤干净）。在沉淀中加入几滴浓HCl，加热，用湿润的淀粉—KI试纸放置在试管口部，观察有什么现象发生，为什么？

③ $Ni(OH)_3$沉淀的生成：以$NiSO_4$为原料，自行设计合成目标产物，并检验$Ni(OH)_3$与浓HCl是否发生反应，如有反应发生，产物是什么？如何进行检验？

（2）铁、钴、镍+2价氢氧化物的制备及其还原性

① $Fe(OH)_2$沉淀的制备及稳定性：首先于一只试管中配制$FeSO_4$的无氧水溶液（如何进行操作？），另一只试管中配制$2\ mol \cdot L^{-1}$ NaOH的无氧水溶液，然后将两只试管中的液体迅速混合，不要摇动试管（为什么？），观察沉淀的颜色。将试管中的液体分成三份，两份用来检验$Fe(OH)_2$酸碱性（如何操作？），第三份摇匀，静置片刻，观察沉淀颜

色的变化，写出化学反应方程式。

② Co(OH)$_2$ 沉淀的制备及稳定性：在 0.1 mol·L^{-1} CoCl$_2$ 溶液中，加入 2 mol·L^{-1} NaOH 溶液，不断摇动试管，观察沉淀颜色的变化，当沉淀全部变为粉红色后，将沉淀分成三份，两份用来检验 Co(OH)$_2$ 的酸碱性，第三份静置片刻，观察有无变化发生，请解释原因。

③ Ni(OH)$_2$ 沉淀的制备及稳定性：在 0.1 mol·L^{-1} NiSO$_4$ 溶液中，加入 2 mol·L^{-1} NaOH 溶液，不断摇荡试管，观察实验现象。将沉淀分成三份，两份用来检验 Ni(OH)$_2$ 的酸碱性，第三份静置片刻，观察有无变化发生。

请将实验所观察到的现象及反应产物填入下表中。

		Fe^{2+}	Co^{2+}	Ni^{2+}
盐＋2 mol·L^{-1} NaOH／产物				
实验现象				
M(OH)$_2$	＋碱（产物）			
	现象			
	＋酸（产物）			
	现象			
	结论			
	＋O$_2$（产物）			
	现象			
	结论			

2. 铁、钴、镍的配合物

①铁的配合物

在点滴板上依次加入少量 0.1 mol·L^{-1} FeCl$_3$ 溶液和 K$_4$[Fe(CN)$_6$]溶液，观察反应现象，写出反应方程式，并说明此反应的用途。

②在点滴板上依次加入少量新配制的 FeSO$_4$ 溶液（如何进行配制？）和 K$_3$[Fe(CN)$_6$]溶液，观察反应现象，写出反应方程式，并说明此反应的用途。

（2）钴的配合物

①在 0.5 mol·L^{-1} CoCl$_2$ 溶液中，加入少量 1 mol·L^{-1} NH$_4$Cl 溶液和过量的氨水（为什么要加入 NH$_4$Cl？），观察沉淀呈什么颜色？静置片刻，又有什么变化发生？写出相应的化学反应方程式。

②在试管中加入少量 0.1 mol·L^{-1} CoCl$_2$ 溶液和 KSCN 饱和溶液，再加入数滴丙酮，摇动试管，观察实验现象的发生，加以解释。

（3）镍的配合物

在试管中以 1∶1 的配比加入少量氨水和 0.1 mol·L^{-1} NiSO$_4$ 溶液，再滴入 1～2 滴 1% 的二乙酰二肟，观察沉淀的颜色，并写出反应方程式。此反应可用于 Ni^{2+} 的鉴定。

 思考题

1. 在配制 FeSO$_4$ 溶液时，为什么要加入少量硫酸酸化，并将去离子水煮沸片刻？

2. 如何用试剂来检验氢氧化物（不溶于水的固体）的酸碱性？

3. 在用氧化剂 Br_2 制取 $Co(OH)_3$ 和 $Ni(OH)_3$ 的过程中，为什么要将沉淀洗涤干净？想要除去什么物质？如果这种物质仍然存在，会对接下来的实验产生什么影响？

实验 14 锡、铅、锑、铋

♨**实验目的**

1. 掌握锡、铅、锑、铋的氢氧化物的酸碱性及硫化物的溶解性等；
2. 了解某些金属离子的分离方法。

♨**实验原理**

锡、铅、锑、铋分别属于周期表的 IVA、VA 族元素，价电子层构型分别为 ns^2np^2，ns^2np^3。锡、铅常见的化合物为 +2 的化合物，如：$SnCl_2$、$Pb(NO_3)_2$，而锑、铋常见的化合物为 +3 的化合物，如：$SbCl_3$、$Bi(NO_3)_3$。

锡、铅和 +3 价的锑、铋盐具有较强水解作用，因此配制盐溶液时必须溶解在相应的酸溶液中以抑制水解。

氯化亚锡是实验室中常用的还原剂，它可以被空气氧化，配制时应加入锡粒防止氧化。方程式如下：

$$2Sn^{2+} + O_2 + 4H^+ = 2Sn^{4+} + 2H_2O$$

$$Sn^{4+} + Sn = 2Sn^{2+}$$

除铋的氢氧化物为碱性氢氧化物外，锡、铅、锑的氢氧化物都呈两性，溶于碱的反应是：

$$Sn(OH)_2 + 2OH^- = [Sn(OH)_4]^{2-}$$

$$Pb(OH)_2 + OH^- = [Pb(OH)_3]^-$$

$$Sb(OH)_3 + 3OH^- = [Sb(OH)_6]^{3-}$$

锡、铅、锑、铋都能形成有色硫化物：黄色的 SnS_2，棕色的 SnS，黑色的 PbS，Sb_2S_3 和 Sb_2S_5 都是橘红色的，Bi_2S_3 是黑色的。它们几乎都不溶于水和稀酸，除 SnS、PbS、Bi_2S_3 外都能与 Na_2S 或 $(NH_4)_2S$ 作用生成相应的硫代酸盐：

$$Sb_2S_3 + 3Na_2S = 2Na_3SbS_3$$

$$SnS_2 + Na_2S = Na_2SnS_3$$

SnS、PbS、Bi_2S_3 不与 Na_2S 溶液作用，但当 SnS 被 Na_2S 溶液中的多硫离子氧化为 SnS_2 时，也生成硫代酸盐而溶解。

$$SnS + Na_2S_2 = Na_2SnS_3$$

所有硫代酸盐只能存在于中性或碱性介质中，遇酸生成不稳定的硫代酸，继而分解为相应的硫化物和硫化氢。

锡（Ⅱ）是一较强的还原剂，在碱性介质中呈亚锡酸根离子，能将铋（Ⅲ）还原为金属铋，反应式如下：

$$3Sn(OH)_4^{2-} + 2Bi(OH)_3 = 3Sn(OH)_6^{2-} + 2Bi\downarrow（黑色）$$

这个反应是鉴定 Bi^{3+} 的方法之一。

在酸性介质中 $SnCl_2$ 能与 $HgCl_2$ 进行反应：

$$SnCl_2 + 2HgCl_2 = SnCl_4 + Hg_2Cl_2\downarrow（白色）$$

$$SnCl_2 + Hg_2Cl_2 = SnCl_4 + 2Hg\downarrow（黑色）$$

但 $Bi(Ⅲ)$ 要在强碱性条件下选用强氧化剂 Na_2O_2、Cl_2 等才能被氧化：

$$Bi_2O_3 + 2Na_2O_2 = 2NaBiO_3 + Na_2O$$

$$Bi(OH)_3 + Cl_2 + 3NaOH = NaBiO_3 + 2NaCl + 3H_2O$$

$Pb(Ⅳ)$ 和 $Bi(Ⅴ)$ 为较强氧化剂，在酸性介质中能与 Mn^{2+}、Cl^- 等还原剂发生反应：

$$5PbO_2 + 2Mn^{2+} + 5SO_4^{2-} + 4H^+ = 5PbSO_4 + 2MnO_4^- + 2H_2O$$

$$5NaBiO_3 + 2Mn^{2+} + 14H^+ = 2MnO_4^- + 5Bi^{3+} + 5Na^+ + 7H_2O$$

铅能生成很多难溶化合物，例如：

$$Pb^{2+} + CrO_4^{2-} = PbCrO_4\downarrow（黄色）$$

分析中，常利用上述生成黄色的 $PbCrO_4$ 沉淀来鉴定 Pb^{2+}。

Sb^{3+} 和 SbO_4^{2-} 在锡片上可以被还原为金属锑使锡片显黑色。

$$2Sb^{3+} + 3Sn = 2Sb\downarrow（黑色）+ 3Sn^{2+}$$

在分析中，常利用以上反应来鉴定这些离子。

仪器和药品

1. 仪器

试管，烧杯，煤气灯，水浴锅，试管架，试管夹。

2. 药品

固体药品：Bi_2O_3，Na_2O_2，PbO_2，锡片

酸：HCl（2 mol·L^{-1}，6 mol·L^{-1}，浓），H_2SO_4（1 mol·L^{-1}），HNO_3（2 mol·L^{-1}，6 mol·L^{-1}）。

碱：NaOH（2 mol·L^{-1}，6 mol·L^{-1}），氨水（2 mol·L^{-1}，6 mol·L^{-1}）。

盐：$SnCl_2$，$SnCl_4$，$Pb(NO_3)_2$，$SbCl_3$，$BiCl_3$，$HgCl_2$，$MnSO_4$，Na_2S，KI，$KMnO_4$，$K_2Cr_2O_7$，K_2CrO_4（以上溶液均为 0.1 mol·L^{-1}），Na_2S（0.5 mol·L^{-1}），NH_4Ac（饱和），KI（2 mol·L^{-1}）。

其他：淀粉溶液，滤纸条。

实验步骤

1. Sn^{2+}、Pb^{2+}、Sb^{3+}、Bi^{3+} 氢氧化物的酸碱性

取四支试管分别加入 $0.1 \ mol \cdot L^{-1}$ $SnCl_2$，$Pb(NO_3)_2$，$BiCl_3$，$SbCl_3$ 溶液各 10 滴，再向各试管中慢慢滴加 $2 \ mol \cdot L^{-1}$ $NaOH$ 溶液至产生白色沉淀为止，然后将各试管分成两份：向其中的一份继续滴加 $2 \ mol \cdot L^{-1}$ $NaOH$ 溶液，向另一份滴加 $2 \ mol \cdot L^{-1}$ HNO_3 溶液，观察沉淀溶解情况，所观察到的现象及反应产物填入下表，并对其酸碱性作出结论。

		Sn^{2+}	Pb^{2+}	Sb^{3+}	Bi^{3+}
盐＋NaOH（现象）					
氢氧化物	＋NaOH（现象）				
	＋酸（现象）				
结论					

[注意]

①在氢氧化物碱性试验中应如何选择酸？

②$Bi(OH)_3$ 为白色沉淀，容易脱水生成 $BiO(OH)$ 而使沉淀转变为黄色。

2. 锡、铅、铋化合物的氧化还原性

（1）二价锡盐在酸性和碱性介质中的还原性

在试管中加入 $0.1 \ mol \cdot L^{-1}$ $KMnO_4$ 溶液 5 滴，然后滴加 $0.1 \ mol \cdot L^{-1}$ $SnCl_2$ 溶液至颜色褪去。

自制亚锡酸钠溶液，向其中滴加 $0.1 \ mol \cdot L^{-1}$ $BiCl_3$ 溶液，观察黑色沉淀的生成。写出以上反应的方程式。

（2）PbO_2 和 $NaBiO_3$ 的氧化性

取少量 PbO_2 置于试管中，加 $6 \ mol \cdot L^{-1}$ HCl 2 mL，用水浴加热，并在管口用湿润的淀粉碘化钾试纸试验生成的气体。

取少量 PbO_2 置于试管中，加 $6 \ mol \cdot L^{-1}$ HNO_3 2 mL，再滴加 $0.1 \ mol \cdot L^{-1}$ $MnSO_4$ 溶液 2～3 滴，将试管在水浴中加热近沸半分钟左右，将试管取出静置，观察溶液的颜色。

以 Bi_2O_3 和 Na_2O_2 为原料加热制得 $NaBiO_3$，加 $6 \ mol \cdot L^{-1}$ HNO_3 2 mL，再滴加 $0.1 \ mol \cdot L^{-1}$ $MnSO_4$ 溶液 2～3 滴，振荡试管，观察溶液颜色的变化。

请写出以上反应的方程式。

[注意]

①用 $MnSO_4$ 溶液试验 PbO_2 的氧化性时，实验中 PbO_2 与酸的量要多，而 $MnSO_4$ 的量要少。

②$SnCl_2$ 与 $BiCl_3$ 只能在强碱性溶液中才能发生反应。

③用 Bi_2O_3 和 Na_2O_2 加热制得的 $NaBiO_3$ 应用水洗涤，否则 Bi_2O_3 的碱性将影响 $NaBiO_3$ 的氧化性。

3. 硫化物和硫代酸盐的生成和性质

（1）取五支试管分别加入 $0.1 \ mol \cdot L^{-1}$ 的 $SbCl_3$、$BiCl_3$、$SnCl_2$、$SnCl_4$、$Pb(NO_3)_2$ 溶液各 5 滴，再向各试管中滴加 $0.5 \ mol \cdot L^{-1}$ Na_2S 溶液 2～3 滴，观察沉淀的颜色。试验各种硫化物在稀 HCl、浓 HCl、稀 HNO_3、Na_2S 溶液中的溶解情况。所观察到的现象及反应产物填入下表，并比较锑、铋、锡、铅硫化物的性质，写出反应方程式。

颜色和试剂	硫化物				
	Sb_2S_3	Bi_2S_3	SnS	SnS_2	PbS
颜色					
$2\ mol \cdot L^{-1}\ HCl$					
浓 HCl					
$2\ mol \cdot L^{-1}\ HNO_3$					
$0.5\ mol \cdot L^{-1}\ Na_2S$					

（2）自制硫代酸盐，并用 6 mol·L⁻¹ HCl 溶液试验它们在酸性溶液中的稳定性，用 $Pb(Ac)_2$ 试纸检查生成的气体并观察沉淀的颜色。写出反应方程式。

[注意]

试验硫化物溶解性时，制得的硫化物应加热、放置一段时间。

4．铅难溶盐的生成和性质

（1）制取少量 $PbCl_2$、$PbSO_4$、PbI_2、$PbCrO_4$、PbS，观察颜色。

（2）试验 $PbCl_2$ 在冷水、热水和浓 HCl 中的溶解情况。

（3）试验 PbI_2 在浓 KI 溶液中的溶解情况。

（4）试验 $PbSO_4$ 在饱和 NH_4Ac 溶液中的溶解情况。

（5）试验 $PbCrO_4$ 在稀 HNO_3 中的溶解情况。

（6）试验 PbS 在浓 HCl、稀 HCl、稀 HNO_3、Na_2S 中的溶解情况。

根据以上实验填写下列表格：

难溶盐	颜色	溶解性				解释现象 写出反应方程式
$PbCl_2$		冷水	热水	浓 HCl		
PbI_2		KI（2 mol·L⁻¹）				
$PbSO_4$		饱和 NH_4Ac				
$PbCrO_4$		稀 HNO_3				
PbS		浓 HCl	稀 HCl	稀 HNO_3	Na_2S	

（7）在 $Pb(NO_3)_2$ 溶液中逐滴加入 $K_2Cr_2O_7$，观察现象，分析产物，解释原因。

[注意]

① [PbAc]⁺ 为易溶难电离的配离子：

$$PbSO_4 + Ac^- \rightleftharpoons [PbAc]^+ + SO_4^{2-}$$

② $Cr_2O_7^{2-}$ 在溶液中存在着下列平衡：

$$Cr_2O_7^{2-} + H_2O \rightleftharpoons 2CrO_4^{2-} + 2H^+$$

③溶解度：$PbCr_2O_7 > PbCrO_4$

5. 离子的鉴定和分离

（1）选用合适试剂，鉴定 Sn^{2+}、Pb^{2+}、Sb^{3+}、Bi^{3+}。

（2）设计两种方法分离 Sb^{3+} 与 Bi^{3+}。

［注意］　Ag^+、Bi^{3+} 妨碍 $Sb(III、V)$ 的鉴定，如溶液中同时存在 Ag^+、Bi^{3+} 时，必须预先进行分离。

思考题

1. 试用最简便的方法鉴别 $SnCl_2$、$SnCl_4$ 溶液。

2. 如何分离混合溶液中的 Sn^{2+}、Pb^{2+}。

第六章　综合及设计性实验

实验 15　硫酸亚铁铵的制备

☙ **实验目的**

1. 了解复盐硫酸亚铁铵的一般特征；
2. 了解复盐硫酸亚铁铵的制备原理和方法；
3. 练习水浴加热、移液管的使用、溶解、过滤、蒸发、结晶等基本操作。

☙ **实验原理**

铁能溶于稀硫酸中生成硫酸亚铁：

$$Fe + H_2SO_4(稀) = FeSO_4 + H_2 \uparrow$$

通常亚铁盐在空气中易被氧化。例如，硫酸亚铁在中性溶液中能被溶于水中的少量氧气氧化并水解，甚至析出棕黄色的碱式硫酸铁（或氢氧化铁）沉淀。

$$4FeSO_4 + O_2 + 6H_2O = 2[Fe(OH)_2]_2SO_4 \downarrow + 2H_2SO_4$$

若往硫酸亚铁溶液中加入与 $FeSO_4$ 相等的物质的量（以 mol 计）的硫酸铵，制得混合溶液，然后加热蒸发浓缩，冷至室温，即能析出复盐硫酸亚铁铵。

$$FeSO_4 + (NH_4)_2SO_4 + 6H_2O = (NH_4)_2SO_4 \cdot FeSO_4 \cdot 6H_2O$$

硫酸亚铁铵比较稳定，制得的浅绿色硫酸亚铁铵（六水合物）晶体不易被空气氧化，该晶体叫做摩尔（Mohr）盐，在定量分析中常用来配制亚铁离子的标准溶液。像所有的复盐那样，硫酸亚铁铵在水中的溶解度比组成它的每一组分[$FeSO_4$ 或 $(NH_4)_2SO_4$]的溶解度都要小（表 15－1）。

表 15－1　复盐与硫酸亚铁、硫酸铵在不同温度下的溶解度（g/100g H_2O）比较

温度 T/K	273	283	293	303	313	323	333
$FeSO_4 \cdot 7H_2O$	15.6	20.5	26.5	32.9	40.2	48.6	—
$(NH_4)_2SO_4$	70.6	73.0	75.4	78.0	81.6	—	88.0
$(NH_4)_2SO_4 \cdot FeSO_4 \cdot 6H_2O$	12.5	17.2	—	—	33.	40.0	—

如果溶液的酸性减弱，则亚铁盐（或铁盐）的水解度将会增大，在制备$(NH_4)_2SO_4 \cdot FeSO_4 \cdot 6H_2O$ 的过程中，为了使 Fe^{2+} 不被氧化和水解，溶液需要保持足够的酸度。

仪器和试剂

1. 仪器

台称，烧杯，表面皿，蒸发皿，石棉网，铁架台，铁圈，水浴锅（可用大烧杯代替），药匙，量筒，点滴板，洗瓶，玻璃棒，漏斗，漏斗架，滤纸，布氏漏斗，吸滤瓶，循环水泵，温度计。

2. 试剂

铁屑，碳酸钠 Na_2CO_3（10%），硫酸 H_2SO_4（3 mol·L^{-1}），硫酸铵 $(NH_4)_2SO_4$（固），乙醇 C_2H_5OH，广泛 pH 试纸

实验步骤

1. 铁屑的净化（除去油污）

由机械加工过程得到的铁屑油污较多，可用碱煮法除去：在台秤上称取 2.0 g 铁屑，放入小烧杯中，加入 15 mL 10% Na_2CO_3 溶液。小火加热约 10 min 后，用倾析法除去 Na_2CO_3 碱液，再用去离子水把铁屑冲洗洁净（如用纯净的铁屑，可除去净化这一步）。

2. 硫酸亚铁的制备

在含有 2.0 g 洁净铁屑的小烧杯中加入 15 mL 3 mol·L^{-1} H_2SO_4 溶液，盖上表面皿，放在石棉网上用小火加热或放在水浴中加热，使铁屑与稀硫酸反应（由于铁屑中的杂质在反应中会产生一些有毒气体，最好在通风橱中进行）。在加热过程中应经常将小烧杯摇动，以加速反应，并不时加入少量去离子水，以补充被蒸发的水分，防止 $FeSO_4$ 结晶出来。待反应基本完成（不再产生氢气气泡，约需 15 min）后，再加入适量 H_2SO_4（3 mol·L^{-1}）以控制溶液的 pH 值不大于 1。然后用普通漏斗趁热过滤（为什么？），并用少量热水淋洗烧杯、玻璃棒及滤渣。将滤液及洗涤液转移到蒸发皿中备用（洗涤液不要太多，否则会增加蒸发负担）。

3. 硫酸亚铁铵的制备

根据 $FeSO_4$ 的理论产量，计算并称取所需 $(NH_4)_2SO_4$ 固体的用量。在室温下将称出的 $(NH_4)_2SO_4$ 配制成饱和溶液，然后倒入上面所制得的 $FeSO_4$ 溶液中，混合均匀并调节 pH 值为 1～2，在石棉网上或水浴锅上加热蒸发浓缩直至溶液表面出现薄层的晶膜时为止。（注意：蒸发过程中不宜搅动，如在石棉网上加热，当溶液沸腾后必须用小火加热以防溶液溅出。）自水浴锅上或石棉网上取下蒸发皿，放置、冷却，即有硫酸亚铁铵晶体析出。待冷至室温后抽滤，为减少晶体表面的附着水分可用少量 C_2H_5OH 洗涤两次，并继续抽滤，取出晶体放在表面皿上晾干，称重（实际产量）。计算产率，产率计算公式如下：

$$产率\% = \frac{实际产量/g}{理论产量/g} \times 100\%$$

产品保存于干燥器内留待下次实验用。

思考题

1. 本硫酸亚铁铵的理论产量应如何进行计算，试列出计算式。

2. 在制备硫酸亚铁铵晶体时为什么溶液必须呈酸性，在实验中应怎样调节使溶液的pH 值为 1～2？

3. 在硫酸亚铁的制备过程中，为什么要控制溶液的 pH 值不大于 1？

4. 在抽滤时，应注意哪些事项，步骤有哪些？

5. 根据表 15－1 应怎样配制硫酸铵的饱和溶液？

注：实验报告在 161 页。

实验 16　草酸亚铁的制备及定性分析

♨实验目的

1. 以硫酸亚铁铵为原料制备草酸亚铁；

2. 了解草酸亚铁定性分析的方法。

♨实验原理

在适当条件下，亚铁离子与草酸可发生反应得到草酸亚铁固体产品，反应式为：

$(NH_4)_2SO_4 \cdot FeSO_4 \cdot 6H_2O + H_2C_2O_4 \rightarrow FeC_2O_4 \cdot 2H_2O + (NH_4)_2SO_4 + H_2SO_4 + 4H_2O$

草酸亚铁和高锰酸钾发生氧化还原反应，反应式为：

$5Fe^{2+} + 5C_2O_4^{2-} + 3MnO_4^- + 24H^+ = 5Fe^{3+} + 10CO_2\uparrow + 3Mn^{2+} + 12H_2O$

♨仪器和试剂

1. 仪器

台秤，量筒，点滴板，烧杯，玻璃棒，石棉网，铁架台，铁圈，循环水泵，洗瓶，抽滤瓶，布氏漏斗。

2. 试剂

$FeSO_4 \cdot (NH_4)_2SO_4 \cdot 6H_2O$（自制），$H_2C_2O_4$（1 mol·L^{-1}）$H_2SO_4$（2 mol·L^{-1}），$KMnO_4$ 溶液（0.01 mol·L^{-1}），KSCN 溶液（0.1 mol·L^{-1}），丙酮。

♨实验步骤

1. 草酸亚铁的制备

称取 8.0 g $(NH_4)_2SO_4 \cdot FeSO_4 \cdot 6H_2O$ 于 250 mL 烧杯中，加入 25 mL 水和 2.0 mL 2 mol·L^{-1} 的 H_2SO_4 溶液酸化，加热溶解。向此溶液中加入 70 mL 1 mol·L^{-1} 的 $H_2C_2O_4$ 溶液，将溶液加热至沸并保持沸腾 10 min，不断搅拌，以免暴沸，待有黄色沉淀析出并沉淀后，静置，倾去上清液，加入 30 mL 蒸馏水，充分洗涤沉淀，静置，再倾去上层清液，重复洗涤沉淀 2～3 次，然后抽滤（将产品在漏斗中铺平），抽干，再用丙酮洗涤固体产品

2 次（每次用 1 mL 丙酮），抽干并晾干（用玻棒检查不沾玻棒即可），称量。

2. 草酸亚铁产品的定性分析

取绿豆粒大小的自制草酸亚铁配成 5 mL 水溶液（可加 2 mol·L⁻¹ 的 H_2SO_4 微热溶解）。

（1）取 1 滴溶液于点滴板上，加 1 滴 KSCN 溶液，若立即出现红色，表示有 Fe^{3+} 存在。

（2）试验该溶液在酸性介质中与 $KMnO_4$ 溶液的作用，观察现象，并解释原因。

思考题

1. 金属铁经非氧化性酸分解，一般可得亚铁盐的溶液，常用什么酸？

2. 在实验过程中，怎样防止 Fe^{2+} 被氧化成 Fe^{3+}？

3. 使 Fe^{3+} 还原为 Fe^{2+} 时，用什么作还原剂？过量的还原剂怎样除去？还原反应完成的标志是什么？

注：实验报告在 163 页。

实验 17　三草酸合铁(Ⅲ)酸钾的制备（一）

实验目的

1. 掌握制备三草酸合铁(Ⅲ)酸钾的方法；

2. 了解应用电导率法测定配合物的离子类型。

实验原理

三草酸合铁(Ⅲ)酸钾 $K_3[Fe(C_2O_4)_3]·3H_2O$ 为翠绿色单斜晶体，溶于水而难溶于乙醇，见光易分解。本实验以草酸亚铁和草酸、草酸钾等为主要原料，通过沉淀、氧化还原、配合等反应，最后得到目标产物。反应方程式如下：

$$6FeC_2O_4·2H_2O+3H_2O_2+6K_2C_2O_4=4K_3[Fe(C_2O_4)_3]·3H_2O+2Fe(OH)_3$$

$$2Fe(OH)_3+3H_2C_2O_4+3K_2C_2O_4=2K_3[Fe(C_2O_4)_3]·3H_2O$$

加热浓缩后，$K_3[Fe(C_2O_4)_3]·3H_2O$ 即可从溶液中析出。

仪器和试剂

1. 仪器

抽滤瓶，布氏漏斗，台秤，玻璃棒，洗瓶，石棉网，铁架台，铁圈，循环水泵，点滴板，水浴锅，温度计，量筒，烧杯，分析天平，容量瓶。

2. 试剂

$FeC_2O_4·2H_2O$(自制)，H_2O_2(3%)，$H_2C_2O_4$(1 mol·L⁻¹)，$K_2C_2O_4$(饱和)。

其他：广泛 pH 试纸。

实验步骤

1. 三草酸合铁(Ⅲ)酸钾的制备

在盛有 2.6 g $FeC_2O_4 \cdot 2H_2O$ 晶体的 250 mL 烧杯中，加入 10 mL 饱和 $K_2C_2O_4$ 溶液，用水浴加热至 40 ℃左右，在此温度下，向溶液中缓慢滴加 20 mL 3 ％ H_2O_2，边加边搅拌，沉淀逐渐转化为棕褐色。待黄色沉淀完全转化后，将溶液加热煮沸，向溶液中加 8～9 mL 1 $mol \cdot L^{-1}$ 的 $H_2C_2O_4$ 溶液，边加边搅拌，并保持温度接近沸腾。待沉淀完全溶解后，溶液颜色变为翠绿色（若烧杯底部还有黄色沉淀，趁热过滤，去除沉淀；若溶液澄清，但颜色不为翠绿色，可滴加饱和 $K_2C_2O_4$ 溶液或 $H_2C_2O_4$ 溶液，调节 pH 值 4～5，此时溶液颜色转为翠绿色）。将溶液加热浓缩至 30 mL，转入 50 mL 小烧杯中，放置过夜，即有翠绿色晶体析出。抽滤，得到产物。

2. 用电导率法测定三草酸合铁(Ⅲ)酸钾的离子类型

盐溶液在无限稀释后的摩尔电导值与该溶液中存在的离子数及离子电荷数有关，因此通过摩尔电导的测定，就可以判断三草酸合铁(Ⅲ)酸钾的离子类型。25 ℃无限稀释时，各种类型的离子化合物摩尔电导如下所示：

1∶1 型：$\Lambda_{1024}=118\times10^{-4}\sim131\times10^{-4}S \cdot m^2 \cdot mol^{-1}$

1∶2 型或 2∶1 型：$\Lambda_{1024}=235\times10^{-4}\sim237\times10^{-4}S \cdot m^2 \cdot mol^{-1}$

1∶3 型或 3∶1 型：$\Lambda_{1024}=408\times10^{-4}\sim442\times10^{-4}S \cdot m^2 \cdot mol^{-1}$

1∶4 型或 4∶1 型：$\Lambda_{1024}=532\times10^{-4}\sim553\times10^{-4}S \cdot m^2 \cdot mol^{-1}$

Λ 右下角数字表示 1 mol 溶质溶解后稀释的体积数，以 L 表示，常称为溶液的稀度。

(1) 配制稀度为 1024 的样品溶液

(a) 用分析天平称量 1 g 左右的三草酸合铁(Ⅲ)酸钾，配制成 250 mL 溶液，可计算出此时溶液的稀度为：

$$\frac{250 \text{ mL}\times10^{-3}}{1.0000/491 \text{ mol}}=122.75 \text{ L} \cdot mol^{-1}$$

以三草酸合铁(Ⅲ)酸钾的质量为 1.0000 g 计，M＝491 $g \cdot moL^{-1}$

(b) 设需稀度为 122.75 的溶液 x mL，可将上述溶液配制成稀度为 1024 的溶液 50 mL，则：

$$\frac{1}{122.75} \cdot x=\frac{1}{1024} \cdot 50 \quad 可得 \ x=6.0 \text{ mL}$$

所以：从稀度为 122.75 的 250 mL 溶液中移取 6.0 mL，再配制成 50 mL 的溶液，则此溶液的稀度即为 1024。

(2) 用电导率仪测定样品的电导率，从而判断三草酸合铁(Ⅲ)酸钾的离子类型

(3) 实验数据记录和处理

产品的电导率 $x＝$ ＿＿＿＿＿＿＿＿＿ $\mu S \cdot cm^{-1}$（电导率仪读数）

$＝$ ＿＿＿＿＿＿＿＿＿ $S \cdot m^{-1}$

$\Lambda_{1024}＝\dfrac{x \ (S \cdot m^{-1})}{c \ (mol \cdot dm^{-3})\times1000}＝$ ＿＿＿＿＿＿＿＿＿ $S \cdot m^2 \cdot mol^{-1}$

产品的离子类型属：＿＿＿＿＿＿＿＿＿＿＿＿＿＿

思考题

1. 在 $FeC_2O_4 \cdot 2H_2O$ 与 H_2O_2 反应时，为什么温度必须控制在 40 ℃ 左右？
2. 本实验中除采用 $FeC_2O_4 \cdot 2H_2O$ 外，还可采用何种物质为原料进行制备？
注：实验报告在 165 页。

实验 18　三草酸合铁(Ⅲ)酸钾的制备(二)

✺实验目的
1. 学会应用相关方法制备三草酸合铁(Ⅲ)酸钾。
2. 了解应用电导率法测定配合物的离子类型。

✺实验原理
三草酸合铁(Ⅲ)酸钾 $K_3[Fe(C_2O_4)_3] \cdot 3H_2O$ 为翠绿色单斜晶体，溶于水而难溶于乙醇，见光易分解。本实验以硫酸亚铁和草酸、草酸钾等为主要原料，通过沉淀、氧化还原、配合等反应，最后得到目标产物。实验过程如下：

$FeSO_4 \cdot 7H_2O + H_2C_2O_4 = FeC_2O_4 \cdot 2H_2O + H_2SO_4 + 5H_2O$

$6FeC_2O_4 \cdot 2H_2O + 3H_2O_2 + 6K_2C_2O_4 = 4K_3[Fe(C_2O_4)_3] \cdot 3H_2O + 2Fe(OH)_3$

$2Fe(OH)_3 + 3H_2C_2O_4 + 3 K_2C_2O_4 = 2K_3[Fe(C_2O_4)_3] \cdot 3H_2O$

加热浓缩后，$K_3[Fe(C_2O_4)_3] \cdot 3H_2O$ 即可从溶液中析出。

✺仪器和试剂
1. 仪器：抽滤瓶，布氏漏斗，台秤，恒温水浴锅，温度计，容量瓶（50 mL，250 mL）量筒（50 mL），分析天平，电导率仪

2. 试剂：$FeSO_4 \cdot 7H_2O$(固体)、H_2SO_4(1 mol·L^{-1})、H_2O_2(3%)，$H_2C_2O_4$(1 mol·L^{-1})，$K_2C_2O_4$(饱和)，广泛 pH 试纸。

✺实验步骤
(1) 溶解：在天平上称取 4 g $FeSO_4 \cdot 7H_2O$ 晶体，放入 250 mL 烧杯中，加入 1 mol/L H_2SO_4 1 mL，再加入 H_2O 15 mL，加热使其溶解。

(2) 沉淀：在上述溶液中加入 1mol/L $H_2C_2O_4$ 20 mL，搅拌并加热煮沸，使形成 $FeC_2O_4 \cdot 2H_2O$ 黄色沉淀。用倾泻法洗涤沉淀 3 次，每次使用 25 mL H_2O 去除可溶性杂质。

(3) 氧化：在上述沉淀中加入 10 mL 饱和 $K_2C_2O_4$ 溶液，水浴加热至 40 ℃，滴加 3% H_2O_2 溶液 20 mL。不断搅拌溶液并维持温度在 40 ℃ 左右，使 Fe(Ⅱ)充分氧化为 Fe(Ⅲ)。滴加完毕后，加热溶液至沸以去除过量的 H_2O_2。

(4) 生成配合物：保持上述溶液近沸状态，先加入 1 mol/L $H_2C_2O_4$ 7 mL，然后趁热滴加 1 mol/L $H_2C_2O_4$ 1～2 mL 使沉淀溶解，溶液的 pH 保持在 4～5，此时溶液呈翠绿色，趁热将滤液过滤到一个 150 mL 烧杯中，并使滤液控制在 30 mL 左右，冷却放置过夜，结晶，抽滤。

2. 用电导率法测定三草酸合铁(Ⅲ)酸钾的离子类型

盐溶液在无限稀释后的摩尔电导值与该溶液中存在的离子数及离子电荷数有关，因此通过摩尔电导的测定，就可以判断三草酸合铁(Ⅲ)酸钾的离子类型。25 ℃无限稀释时，各种类型的离子化合物摩尔电导如下所示：

1∶1型：$\Lambda_{1024}=118\times10^{-4}\sim131\times10^{-4}\,\text{S}\cdot\text{m}^2\cdot\text{mol}^{-1}$

1∶2型或2∶1型：$\Lambda_{1024}=235\times10^{-4}\sim237\times10^{-4}\,\text{S}\cdot\text{m}^2\cdot\text{mol}^{-1}$

1∶3型或3∶1型：$\Lambda_{1024}=408\times10^{-4}\sim442\times10^{-4}\,\text{S}\cdot\text{m}^2\cdot\text{mol}^{-1}$

1∶4型或4∶1型：$\Lambda_{1024}=532\times10^{-4}\sim553\times10^{-4}\,\text{S}\cdot\text{m}^2\cdot\text{mol}^{-1}$

Λ 右下角数字表示 1 mol 溶质溶解后稀释的体积数，以 L 表示，常称为溶液的稀度。

（1）配制稀度为 1024 的样品溶液

（a）用电子天平称量 1 g 左右的三草酸合铁(Ⅲ)酸钾，配制成 250 mL 溶液，可计算出此时溶液的稀度为：

$$\frac{250\text{ mL}\times10^{-3}}{1.0000/491}=122.75\text{ L}\cdot\text{mol}^{-1}$$

以三草酸合铁(Ⅲ)酸钾的质量为 1.0000 g 计，M＝491 g·mol^{-1}

（b）设需稀度为 122.75 的溶液 x mL，可将上述溶液配制成稀度为 1024 的溶液 50 mL，则：

$$\frac{1}{122.75}\cdot x=\frac{1}{1024}\cdot50 \quad \text{可得 } x=6.0\text{ mL}$$

所以：从稀度为 122.75 的 250 mL 溶液中移取 6.0 mL，再配制成 50 mL 的溶液，则此溶液的稀度即为 1024。

（2）用电导率仪测定样品的电导率从而判断三草酸合铁(Ⅲ)酸钾的离子类型

（3）实验数据记录和处理

产品的电导率 $x=$ ＿＿＿＿＿＿＿＿μS·cm^{-1}（电导率仪读数）

　　　　　　　＝＿＿＿＿＿＿＿＿ S·m^{-1}

$$\Lambda_{1024}=\frac{x\,(\text{S}\cdot\text{m}^{-1})}{c\,(\text{mol}\cdot\text{dm}^{-3})\times1000}=\underline{\hspace{3cm}}\text{ S}\cdot\text{m}^2\cdot\text{mol}^{-1}$$

产品的离子类型属：＿＿＿＿＿＿＿＿＿＿＿＿＿＿＿＿＿＿

思考题

1. 本实验中除采用 $FeSO_4\cdot7H_2O$ 外，还可采用何种物质作原料？

2. 在 $FeSO_4\cdot7H_2O$ 溶液中加入 H_2SO_4 酸化的目的是什么？酸性太强会产生什么影响？

3. 在 $FeC_2O_4\cdot2H_2O$ 与 H_2O_2 反应时，为什么温度必须控制在 40℃左右？

注：实验报告在 167 页。

实验 19　纳米氧化铁的制备

实验目的

1. 了解水热法制备纳米材料的原理与方法；
2. 加深对水解反应影响因素的认识；
3. 熟悉分光光度计、离心机和酸度计的使用。

实验原理

纳米材料是指微观结构至少在一维方向上受纳米尺度调制的各种固态材料，是材料科学的一个重要发展方向。纳米材料具有不同于常规材料和单个分子的性质，如表面效应、体积效应、量子尺寸效应、宏观量子隧道效应等，导致了纳米材料的力学性能、磁性、介电性、超导性、光学乃至力学性能等发生改变，使之在磁性材料、生物、医学、传感、电子学、光学、化工陶瓷、军事以及航天等诸多方面具有重要应用。

纳米氧化铁化学性质稳定，催化活性高，具有良好的耐光性和对紫外线的屏蔽性，在精细陶瓷、塑料制品、涂料、催化剂、磁性材料以及医学和生物工程等方面应用广泛。纳米氧化铁的制备方法总体上可分为湿法和干法。湿法多以工业绿矾、工业氯化（亚）铁或硝酸铁为原料，采用氧化沉淀法、水热法、强迫水解法、胶体化学法等制备；干法常以羰基铁$[Fe(CO)_5]$或二茂铁$(FeCP_2)$为原料，采用火焰热分解、气相沉积、低温等离子化学气相沉积法（PCVD）或激光热分解法制备。

水解法制备纳米氧化铁是通过控制一定的温度和 pH 值，使一定浓度的金属铁盐水解，生成氢氧化铁或氧化铁沉淀。在水解法制备纳米氧化铁的实验中，水解时间、温度、pH 值以及金属离子的浓度都对水解产物有影响。水解反应是吸热反应，升温有利于水解反应正向进行，反应程度增加。并且，温度升高可以提高水解反应的速率。浓度增大对水解反应程度无影响，但可加快反应速率。对金属离子的强酸盐来说，pH 值增大，水解程度与速率皆增大。

本实验通过 $FeCl_3$ 水解来制备纳米 Fe_2O_3。实验中探索 $FeCl_3$ 溶液的浓度、温度、水解时间以及 pH 值等对水解反应的影响，找出水解法制备纳米氧化铁的最佳条件。

在 $FeCl_3$ 水解过程中，由于 Fe^{3+} 转化为 Fe_2O_3，溶液颜色由黄棕色变成红棕色。在实验过程中，通过控制反应条件使 $FeCl_3$ 水解成颗粒均匀的多晶态溶胶，而不生成沉淀。随着时间增加，Fe^{3+} 量逐渐减少，Fe_2O_3 粒径也逐渐增大，溶液颜色也趋于稳定，可用分光光度计进行动态检测。Fe_2O_3 的最大吸收波长为 550 nm。

仪器和试剂

1. 仪器

恒温烘箱，分光光度计（VIS 7200A），高速离心机，酸度计（PHS－3C），多用滴管，带塞子的锥形瓶，容量瓶，离心试管，吸管，离心试管，烧杯，恒温水浴槽，电子显微镜，试管，试管夹，点滴板。

2. 试剂

$FeCl_3(1.0 \text{ mol} \cdot L^{-1})$，$HCl(1.0 \text{ mol} \cdot L^{-1})$，$EDTA(1.0 \text{ mol} \cdot L^{-1})$，$(NH_4)_2SO_4$ $(1.0 \text{ mol} \cdot L^{-1})$，$NaOH(2.0 \text{ mol} \cdot L^{-1})$，无水乙醇。

★ **根据所给仪器和试剂设计实验步骤。**

★ **［方案设计参考］**

♨**实验步骤**

1. 玻璃仪器的清洗

实验中所用一切玻璃器皿均需严格清洗。先用铬酸洗液洗，再用去离子水冲洗干净，然后烘干备用。

2. 水解时间的影响

配制 40 mL 含 1.8×10^{-2} mol $\cdot$ L^{-1} $FeCl_3$ 和 8.0×10^{-4} mol $\cdot$ L^{-1} EDTA 的水解液，用 1 mol $\cdot$ L^{-1}HCl 或 2 mol $\cdot$ L^{-1}NaOH 以及酸度计调节溶液的 pH 值为 2.5，置于 40 mL 带塞子的锥形瓶中，放入 90 ℃的恒温水浴槽中，观察水解前后水解液的变化。每隔 30 min 取样 3 mL，用分光光度计于 550 nm 处观察水解液吸光度的变化，直到吸光度基本不变，观察到橘红色溶胶为止，绘制 A—t 图。约需读数 6 次。

3. 水解液 pH 值的影响

改变上述水解液的 pH 值。用 1 mol $\cdot$ L^{-1}HCl 和 2 mol $\cdot$ L^{-1}NaOH 以及酸度计调节溶液的 pH 值分别为 1.0、1.5、2.0、3.0。用分光光度计观察 pH 值对水解的影响，绘制 A—pH 图。

4. 水解温度的选择

本实验选定 90 ℃为水解温度，可与 95 ℃、80 ℃的实验进行对照。

5. 水解液中 Fe^{3+} 浓度的影响

改变步骤 2 中水解液 Fe^{3+} 的浓度，分别为 2.5×10^{-2} mol $\cdot$ L^{-1}，5.0×10^{-3} mol $\cdot$ L^{-1}，1.0×10^{-3} mol $\cdot$ L^{-1}，用分光光度计观察水解液中 Fe^{3+} 浓度对水解的影响，绘制 A—c 图。

6. 沉淀的分离

取 2、3、4 步骤中吸光度最大的水解液样品，冷却，分成两份，一份用高速离心机离心分离，一份加入 $(NH_4)_2SO_4$ 使溶胶沉淀后用普通离心机离心分离。沉淀用去离子水洗至无 Cl^- 为止（怎样检验?），再用无水乙醇洗涤两次。比较两种分离方法的效率。将所得产品放入烘箱中干燥 30 min，冷却至室温，研磨备用。

7. 产品表征

利用电子显微镜对所得产品进行外观结构分析。

［注意］ 本实验中所用的玻璃仪器均需要严格清洗；带塞子的锥形瓶用完后马上放入铬酸洗液中浸泡。

思考题

1. 影响水解的因素有哪些？如何影响？
2. 水解器皿在使用前为什么要清洗干净，若清洗不净会带来什么后果？
3. 如何精密控制水解液的 pH 值？为什么可用分光光度计监控水解程度？
4. 氧化铁溶胶的分离有哪些方法？哪种效果较好？

实验 20　分光光度法测定 $[FeSCN]^{2+}$ 配离子的稳定常数

☝**实验目的**

1. 了解分光光度计的使用方法，测定有色溶液的吸收光谱；
2. 了解用比色法测定配离子稳定常数的原理和方法。

☝**实验原理**

在给定条件下，某中心离子 M 与配位体 L 反应，生成配离子（或配合物）MLn（略去电荷符号）：

$$M(aq) + nL(aq) \Longrightarrow ML_n$$

若 M 与 L 都是无色的，只有 ML_n 有色，则根据朗伯－比尔定律可知溶液的吸光度 A 与配离子或配合物的浓度 c 成正比。本实验采用浓度比递变法测定一系列溶液的吸光度，从而求出该配离子（或配合物）的组成和稳定常数。

配制一系列含有中心离子 M 与配位体 L 的溶液，使 M 与 L 的总浓度（mol·L^{-1}）保持一定，而 M 与 L 的摩尔分数做系列改变。例如，使溶液中 L 的摩尔分数依次为 0、0.1、0.2、0.3、……0.9、1.0，而 M 的摩尔分数依次作相应递减。在一定波长的单色光中分别测定该系列溶液的吸光度。有色配离子（配合物）的浓度越大，溶液颜色越深，其吸光度越大。当 M 和 L 恰好全部形成配离子时（不考虑配离子的解离），ML_n 的浓度为最大，吸光度也最大。若以 ML_n 溶液的吸光度 A 为纵坐标、溶液中配位体的摩尔分数为横坐标作图，所得曲线出现一个高峰，如图 19－1 中所示点 F，它所对应的吸光度为 A_1。如果延长曲线两侧的直线线段部分，相交于点 E，点 E 所对应的吸光度为 A_0，即为吸光度的极大值。E 或 F 所对应的配位体的摩尔分数即为 ML_n 的组成。若点 E 或 F 所对应的配位体的摩尔分数为 0.5，则中心离子的摩尔分数为 $1-0.5=0.5$，所以

$$n = \frac{配位体的物质的量}{中心离子的物质的量} = \frac{配位体的摩尔分数}{中心离子的摩尔分数} = \frac{0.5}{0.5} = 1$$

由此可知，该配离子（或配合物）的组成为 ML 型。

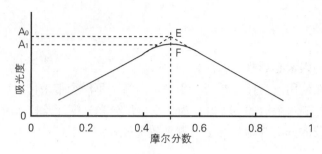

图 20-1 配体摩尔分数—吸光度图

由于配离子（或配合物）有一部分解离，则其浓度比未解离时的要稍小些，故点 F 处所实际测得的最大吸收光度 A_1 也比由曲线两侧延长所得点 E 处即组成全部为 ML 配合物的吸光度 A_0 要稍小些。因而配离子（或配合物）ML 的解离度 α 为

$$\alpha = (A_0 - A_1) / A_0$$

配离子（或配合物）ML 的稳定常数 K_f^θ 与解离度 α 的关系如下：

$$ML \Longleftrightarrow M(aq) + L(aq)$$

平衡时浓度/$(mol \cdot L^{-1})$ $c_0 - c_0\alpha$ $c_0\alpha$ $c_0\alpha$

$$K_f = \frac{c_{eq}(ML)c^\theta}{\{c_{eq}(M)/c^\theta\}\{c_{eq}(L)/c^\theta\}} = \frac{1-\alpha}{c_0\alpha^2}$$

式中，c_0 表示点 E 所对应的配离子（或配合物）的起始浓度。

配离子 $[FeSCN]^{2+}$ 的生成如下所示：

$HSCN + Fe^{3+} = [FeSCN]^{2+} + H^+$ 则：

$$K_f^\theta = \frac{\{c_{(FeSCN^{2+})}/c^\theta\} \{c_{(H^+)}/c^\theta\}}{\{c_{(HSCN)}/c^\theta\} \{c_{(Fe^{3+})}/c^\theta\}}$$

♨仪器和试剂

1. 仪器

分光光度计，移液管，烧杯。

2. 试剂

$0.2 \ mol \cdot L^{-1} Fe^{3+}$，溶液 $0.002 \ mol \cdot L^{-1} Fe^{3+}$，溶液 $0.002 \ mol \cdot L^{-1}$，KSCN 溶液。

[注意]　Fe^{3+} 溶液用 $Fe(NO_3)_3 \cdot 9H_2O$ 溶解在 $1 \ mol \cdot L^{-1}$ 的 HNO_3 中配制，HNO_3 浓度要标定。

★根据所给仪器和试剂设计实验步骤。

★[方案设计参考]

♨实验步骤

1. 标准溶液的配制

分别用移液管移取 $0.2 \ mol \cdot L^{-1} Fe^{3+}$ 4.00 mL、$0.002 \ mol \cdot L^{-1}$ KSCN 1.00 mL、5.00 mL H_2O 于 50 mL 烧杯中混合，得到 $[FeSCN]^{2+}$ 的标准溶液，$c(标准) = c_{(FeSCN^{2+})} = ?$

2. 待测溶液的配制

按下表分别用移液管量取相应试剂配制 5 组待测试液。

	1	2	3	4	5
$0.002\ mol \cdot L^{-1} Fe^{3+}$	5.00 mL	5.00 mL	5.00 mL	5.00 mL	5.00 mL
$0.002\ mol \cdot L^{-1} KSCN$	5.00 mL	4.00 mL	3.00 mL	2.00 mL	1.00 mL
H_2O	0 mL	1.00 mL	2.00 mL	3.00 mL	4.00 mL
A（待测）					
A（待测）$/A$（标准）					

3. 测定溶液的吸收光谱——找出该有色溶液的最大吸收波长

波长/nm	360	370	380	390	400	410	420	430	……	500
A										

最大吸收波长＝_____nm（注意：每改变一次波长要重新用空白溶液调透光率为 100%）。

4. 用最大吸收波长测定标准溶液和待测溶液的吸光度（数据填入 2. 的表格）

5. 数据处理——计算反应的标准平衡常数

将原始数据及处理过程中的相关数据填入下列表格（表格可自行设计，但要有本表格中所有数据）。

	1	2	3	4	5	
A_i						标准溶液 A_0
A_i/A_o						
$c_{0(Fe^{3+})}$						
$c_{0(HSCN)}$						
$c_{eq(H^+)}$						标准平衡常数平均值
$c_{eq(FeSCN^{2+})}$						
$c_{eq(Fe^{3+})}$						
$c_{eq(HSCN)}$						
K^θ						

思考题

1. 该实验中误差的来源主要有几方面？哪些是可以消除的？哪些是难免的？哪些是测定数据时引入的？哪些是因计算简化引入的？设计该实验过程时又是怎样尽可能地减小其影响的？

2. 5 组待测试液 $FeSCN^{2+}$ 浓度变化趋势应如何？为什么？

3. 实验中 $c_{0(Fe^{3+})}$ 不变，改变的是 $c_{0(KSCN)}$，且 $c_{0(KSCN)} < c_{0(Fe^{3+})}$。若改变浓度让 $c_{0(KSCN)} > c_{0(Fe^{3+})}$ 结果会怎样。

4. $c_{eq(H^+)}=$？为什么？酸是如何引入的？哪种溶液在配制时加酸，为什么要加酸？不加酸对结果有何影响？

5. 配溶液时用的是 KSCN，但在写方程式以及后面的计算中为什么换成了 HSCN？溶液中 H^+ 浓度对 $c_{eq(FeSCN^{2+})}$ 有何影响？

6. 分析一下你在计算中是否考虑了 HSCN 的解离？不考虑 HSCN 的解离对结果有何影响？影响有多大？

7. 试分析反应 $HSCN+Fe^{3+}=FeSCN^{2+}+H^+$ 的标准平衡常数与 $FeSCN^{2+}$ 的生成常数（或稳定常数）有何区别？试根据多重平衡原理写出该反应的标准平衡常数与 $FeSCN^{2+}$ 的 $K_f^\ominus$ 和 HSCN 的 $K_a^\ominus$ 的关系。

实验 21　二水合氯化铜的制备

☙ **实验目的**

1. 通过查找相关文献资料，学习如何确定实验条件，由铜制备二水合氯化铜；
2. 尝试用已获得的化学知识和实验技能解决实际问题；
3. 了解铜化合物、锌化合物等相关物质的性质和溶解度、氧化还原的相关内容。

☙ **实验原理**

铜为金属单质，具有弱还原性。而盐酸为非氧化性酸，不能使单质铜氧化为二价铜。本实验用浓 HNO_3 作为氧化剂，溶解铜片。

实验室提供的铜片为黄铜，含有一定量的锌。铜片溶解后，主要生成硝酸铜、硝酸锌。而氢氧化锌具有两性，在 pH >10 时生成可溶性的物质（图 21-1）。而 $Cu(OH)_2$ 在浓

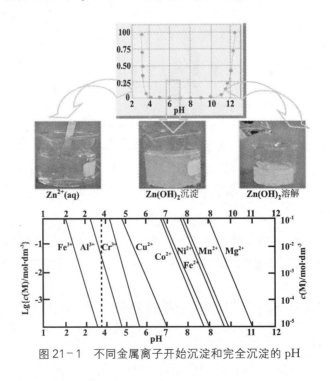

图 21-1　不同金属离子开始沉淀和完全沉淀的 pH

碱溶液（pH＞14）中才逐渐溶解，故可以加入碱性物质调节 pH 值为 12～13，分离铜和锌，达到除杂的目的。

对生成的氢氧化铜，再加入盐酸，生成氯化铜，在 26～42 ℃下结晶，可制得二水合氯化铜。

铜片中可能还会含有微量铁和杂质，也可通过倾析、过滤、调节 pH 等方法来除去。

相关反应方程式：

$$Cu+4HNO_3(浓)=Cu(NO_3)_2+2NO_2\uparrow+2H_2O$$

$$Zn+4HNO_3(浓)=Zn(NO_3)_2+2NO_2\uparrow+2H_2O$$

$$Cu(NO_3)_2+2NaOH=Cu(OH)_2\downarrow+2NaNO_3$$

$$Zn(NO_3)_2+4NaOH=Na_2[Zn(OH)_4]+2NaNO_3$$

$$Cu(OH)_2+2HCl=CuCl_2+2H_2O$$

仪器和试剂

1. 仪器

表面皿，烧杯，蒸发皿，玻璃棒，抽滤瓶，布氏漏斗，胶头滴管，三脚架，石棉网，煤气灯，恒温水浴锅，温度计。

2. 试剂

黄铜，浓硝酸（14.5 mol·L^{-1}），氢氧化钠（3 mol·L^{-1}），盐酸（1∶1,6 mol·L^{-1}），纯水。

其他：pH 试纸。

★ 根据所给仪器和试剂设计实验步骤

★ ［方案设计参考］

实验步骤

1. 灼烧

称取 5 g 铜片，放入小烧杯中，灼烧至表面呈黑色（除去表面附着的油污），自然冷却。

2. 沉淀

在通风橱内，向其中加入 10 mL 6 mol·L^{-1}的 HCl，保持酸性，然后缓慢、分批地加入 25 mL 浓 HNO$_3$。待反应缓和后盖上表面皿，水浴加热。在反应过程中，需补加少量浓 HNO$_3$（视反应情况而定，确保反应持续进行，尽量少加）。待铜片近反应完全，用倾析法将溶液转移到另一大烧杯中，加入少量纯水以保证不析出晶体。待冷却后，向其中加入 100 mL 纯水，再缓慢加入 100 mL 3 mol·L^{-1}的 NaOH 溶液，边加边搅动。此后，加热浓缩溶液，加入适量氢氧化钠溶液，调节 pH 值在 12～13，静置。待沉淀完全后，过滤，用纯水（或稀氢氧化钠溶液）洗涤沉淀 1～2 次，抽滤备用。

3. 制备二水合氯化铜

将沉淀转移到烧杯中，向其中缓慢加入 30 mL 6 mol·L^{-1}的 HCl，边加边搅动。加热，以除去多余的水分和 HCl，待溶液剩下约 1/3 时，水浴加热（温度 26～42 ℃）至析出晶体。过滤、称量。

[注意]

①Cu 的摩尔质量为 63.55，质量为 5 g 的铜大约为 0.08 mol，需要 HCl 0.16 mol，所以制备时加入 30 mL 6 mol·L^{-1}的盐酸，多加入少量盐酸以保证酸性。

②在加入氢氧化钠的过程中，假如操作正确而开始便出现沉淀，可能是因为含有极少量的铁，应当调节 pH 约为 4 后，过滤后继续加入氢氧化钠。

③Cu(OH)₂ 沉淀后，表面有少量的含锌溶液，应用纯水或稀氢氧化钠洗涤。

④从氯化铜水溶液生成结晶时，在 26～42 ℃得二水盐，在 15 ℃以下得四水盐，在 15～25.7 ℃得三水盐，在 42 ℃以上得一水盐。故水浴温度要保持在 26～42 ℃。

思考题

1. 第一步实验灼烧铜片至表面呈黑色，黑色物质是什么？
2. 是否可以用碳酸铜为原料制备二水合氯化铜？写出反应方程式？

实验 22 碱式碳酸铜的制备

实验目的

1. 掌握碱式碳酸铜的制备原理和方法；
2. 通过实验探求出制备碱式碳酸铜的反应物配比和合适温度；
3. 初步学会设计实验方案，以培养独立分析、解决问题的能力。

实验原理

碱式碳酸铜 [Cu₂(OH)₂CO₃] 为天然孔雀石的主要成分，呈暗绿色或淡蓝绿色，加热至 200 ℃即分解，在水中的溶解度很小，新制备的试样在沸水中容易分解，形成褐色的氧化铜。

碱式碳酸铜主要用于铜盐的制造、油漆、颜料和烟火的配制等，通过可溶性铜盐与可溶性碳酸盐反应制得，如：

$$2CuSO_4 + 2Na_2CO_3 + H_2O = Cu_2(OH)_2CO_3 \downarrow + CO_2 \uparrow + 2Na_2SO_4$$

仪器和试剂

1. 仪器

烧杯，试管，量筒，玻璃棒，移液管，石棉网，温度计，抽滤瓶，恒温水浴，烘箱。

2. 试剂

CuSO₄(0.5 mol·L^{-1})　　Na₂CO₃(0.5 mol·L^{-1})　　BaCl₂(0.1 mol·L^{-1})

★ 根据所给仪器和试剂设计实验步骤

★ [方案设计参考]

⚗️**实验步骤**

1. 溶液的配制

分别配制 0.5 mol·L⁻¹ 的 $CuSO_4$ 溶液和 0.5 mol·L⁻¹ 的 Na_2CO_3 溶液各 100 mL。

2. 实验条件的探究

（1）温度对碱式碳酸铜制备的影响

取 8 支试管分成两列，其中 4 支试管内各加入 2 mL 0.5 mol·L⁻¹ 的 $CuSO_4$ 溶液，另外 4 支试管中各加 2 mL 0.5 mol·L⁻¹ 的 Na_2CO_3 溶液，分别成对置于室温、50 ℃、70 ℃、90 ℃的恒温水浴中，数分钟后将 $CuSO_4$ 溶液倒入 Na_2CO_3 溶液的试管中，振荡，再放入各自水浴中，观察沉淀的生成及其转变的快慢、沉淀的颜色。由实验结果确定制备反应的合适温度。

（2）$CuSO_4$ 和 Na_2CO_3 溶液的合适配比

取 8 支试管分成两列，其中 4 支试管内各加入 2 mL 0.5 mol·L⁻¹ 的 $CuSO_4$ 溶液，另外 4 支分别加入 1.6 mL、2.0 mL、2.4 mL 及 2.8 mL 0.5 mol·L⁻¹ Na_2CO_3 溶液，分别成对置于由上述实验确定的合适温度的恒温水浴中，几分钟后，依次将 $CuSO_4$ 溶液分别倒入 Na_2CO_3 溶液的试管中，振荡，放回水浴中，观察各试管中生成沉淀的颜色、数量及沉淀生成的速率，从中得出两种反应物溶液以何种比例相混合为最佳。

（3）碱式碳酸铜的制备

取 60 mL 0.5 mol·L⁻¹ $CuSO_4$ 溶液，根据上面实验确定的反应物合适比例及适宜温度制备碱式碳酸铜。待沉淀完全后，减压过滤，用蒸馏水洗涤沉淀数次，至沉淀中不含 SO_4^{2-} 为止，吸干。

将所得产品于 50 ℃ 左右烘 1 h，冷却至室温称量，计算产率。

⚗️**实验数据处理**

产品外观：_____ ；产品质量（g）：_____ ；产率：_____ 。

思考题

1. 哪些铜盐适合于制备碱式碳酸铜？

2. 除反应物的配比和反应的温度对本实验的结果有影响外，反应物的种类、反应进行的时间等因素是否对反应物的质量也会有影响？

3. 估计何种颜色的产物中碱式碳酸铜的含量最高？

4. 自行设计一个实验，来测定产物中铜及碳酸根的含量，从而分析所制得的碱式碳酸铜的质量。

实验 23　二草酸合铜（Ⅱ）酸钾的制备和表征

⚗️**实验目的**

1. 了解制备二草酸合铜（Ⅱ）酸钾晶体的方法；

2. 确定二草酸合铜（Ⅱ）酸钾的组成；

3. 掌握差热热重（DTA—TG）分析方法；

4. 掌握配位滴定法测定铜含量的原理和方法，掌握二价铜离子含量的测定中指示剂及滴定条件的选择；

5. 掌握高锰酸钾法测定草酸含量和产物纯度的原理和方法；

6. 进一步掌握溶解、沉淀、吸滤、蒸发、浓缩、容量分析等基本操作。

♨ **实验原理**

二草酸合铜（Ⅱ）酸钾是一种蓝色晶体，在 150 ℃失去结晶水，在 260 ℃分解，虽可溶于温水，但会慢慢分解。二草酸合铜（Ⅱ）酸钾可通过两种合成路线制备。

1. 用氧化铜和草酸氢钾反应制备

$$CuSO_4 + 2NaOH = Cu(OH)_2 \downarrow + Na_2SO_4$$

$$Cu(OH)_2 = CuO + H_2O$$

$$2H_2C_2O_4 + K_2CO_3 = 2KHC_2O_4 + CO_2 \uparrow + H_2O$$

$$2KHC_2O_4 + CuO = K_2[Cu(C_2O_4)_2] + H_2O$$

2. 用硫酸铜和草酸钾反应制备

$$H_2C_2O_4 + 2KOH = K_2C_2O_4 + 2H_2O$$

$$2K_2C_2O_4 + CuSO_4 = K_2[Cu(C_2O_4)_2] + K_2SO_4$$

为方便从生成物中提取出纯品二草酸合铜（Ⅱ）酸钾，应将硫酸铜和草酸钾的浓溶液或饱和溶液反应，这样生成的 $K_2[Cu(C_2O_4)_2]$ 会由于微溶而从溶液中析出，再经过过滤、冷水重结晶提纯、过滤便可得到纯品。

确定产物组成时，用重量分析法或者差热热重法（DTA—TG）测定结晶水，用EDTA 配位滴定法测定铜的含量，用高锰酸钾法测定草酸根的含量。

（1）失重法测定结晶水含量

该配合物在 150 ℃时失去结晶水。至恒重时，由加热前后产物和坩埚的重量差 $\Delta m_{(H_2O)}$，算出结晶水的含量。

$$w_{(H_2O)} = \frac{\Delta m_{(H_2O)}}{m_s} \times 100\%$$

m_s—— 含结晶水的产物的质量；

（2）配位滴定法测定二价铜离子的含量

以 $NH_3 \cdot H_2O - NH_4Cl$ 为缓冲溶液，以 0.1% 的 PAN 为指示剂，用 EDTA 滴定，溶液颜色由浅蓝色变为翠绿色即为终点。铜离子与 EDTA 以 1：1 络合，所以：

$$n(Cu^{2+}) = n(EDTA)$$

$$w_{(Cu^{2+})} = \frac{c_{(EDTA)} \cdot V_{(EDTA)} \cdot M_{(Cu^{2+})}}{m_s} \times 100\%$$

（3）高锰酸钾法测定草酸根离子

用氧化还原法滴定，使用高锰酸钾法，高锰酸钾自身氧化态、还原态呈现不同的颜色，可作为自身指示剂，滴定终点为微红色。

$$5C_2O_4^{2-} + 2MnO_4^- + 16H^+ = 10CO_2 + 2Mn^{2+} + 8H_2O$$

$$n_{(C_2O_4^{2-})} = 2.5n_{(MnO_4^-)}$$

$$w_{(C_2O_4^{2-})} = \frac{2.5c_{(MnO_4^-)} \cdot V_{(MnO_4^-)} \cdot M_{(C_2O_4^{2-})}}{m_s} \times 100\%$$

$$w_{(K^+)} = 100\% - w_{(C_2O_4^{2-})} - w_{(Cu^{2+})} - w_{(H_2O)}$$

各原子个数比为：

$$N_{(K^+)} : N_{(Cu^{2+})} : N_{(C_2O_4^{2-})} : N_{(H_2O)} = \frac{w_{(K^+)}}{M_{(K^+)}} : \frac{w_{(Cu^{2+})}}{M_{(Cu^{2+})}} : \frac{w_{(C_2O_4^{2-})}}{M_{(C_2O_4^{2-})}} : \frac{w_{(H_2O)}}{M_{(H_2O)}}$$

由此可得出该配合物的化学式。

仪器和试剂

1. 仪器

烘箱，电子天平，循环水泵，水浴锅，镊子，温度计，量筒，烧杯，布氏漏斗（配过滤套），抽滤瓶，移液管，蒸发皿，酸式滴定管，锥形瓶。

2. 试剂

$CuSO_4 \cdot 5H_2O$(固体)，$K_2C_2O_4 \cdot H_2O$(固体)，$Na_2C_2O_4$（基准），纯锌片，0.02 mol·L^{-1} EDTA，0.02 mol·L^{-1} $KMnO_4$，3 mol·L^{-1} H_2SO_4，$NH_3 \cdot H_2O$(1∶2)。

铬黑 T 指示剂(0.5%无水乙醇)，甲基红指示剂(0.2%，60%乙醇溶液)，紫脲酸铵指示剂(0.5%水溶液)。

pH=10.0 的 $NH_3 \cdot H_2O$—NH_4Cl 缓冲溶液（5.4 g NH_4Cl 溶于水中，加浓氨水 6.3 mL，稀释至 100 mL）

★ 根据所给仪器和试剂设计实验步骤。

★ ［方案设计参考］

实验步骤

1. 二草酸合铜（Ⅱ）酸钾的制备：根据两种合成路线设计实验步骤

·路线 1：

(1) CuO 的制备：$CuSO_4 \cdot 5H_2O$ 与 NaOH 溶液反应产生大量浅蓝色沉淀 $Cu(OH)_2$；小火加热 $Cu(OH)_2$ 至沉淀变黑（生成 CuO）。加热过程中要经常搅拌防止爆沸。

思考：如何判断反应是否完全？是否所有的铜离子都生成了 CuO？

(2) $H_2C_2O_4 \cdot 2H_2O$ 固体微热溶解，$H_2C_2O_4 \cdot 2H_2O$ 溶液与 K_2CO_3 反应可得到 KHC_2O_4 和 $K_2C_2O_4$ 混合透明溶液。（注意：温度不能超过 85 ℃，以避免 $H_2C_2O_4$ 分解）

(3) 含 KHC_2O_4 和 $K_2C_2O_4$ 混合溶液与 CuO 反应，水浴加热，黑色沉淀 CuO 消失，溶液变成蓝色透明溶液。趁热抽滤，浓缩滤液，冰水浴冷却。大量蓝色晶体析出后，抽滤，用冰水洗涤 2～3 次，转移至表面皿，晶体用滤纸吸干，称重，转移至称量瓶，计算产率。

• 路线 2：

通过查阅资料得到硫酸铜和草酸钾的溶解度曲线，配置硫酸铜和草酸钾的浓溶液或饱和溶液，二者反应可得到微溶的二草酸合铜（Ⅱ）酸钾。

2. 草酸合铜（Ⅱ）酸钾的组成分析

(1) 结晶水的测定

准确称取两个已恒重的坩埚的质量，再准确称取 0.5～0.6 g 产物两份，分别放入两个已准确称重的坩埚中，放入烘箱，在 150 ℃时干燥 1 h，然后放入干燥器中冷却 15 min 后称重，根据称量结果，计算结晶水的含量。

(2) 铜（Ⅱ）含量的测定

A. 0.02 mol·L^{-1} EDTA 溶液的配制与标定

配制 250 mL 0.02 mol·L^{-1}的 EDTA 溶液。计算配制 250 mL 0.02 mol·L^{-1} Zn^{2+}标准溶液所需纯 Zn 片（＞99.9%）的质量。准确称量上述质量的 Zn 片（称量值与计算值偏离最好不要超过 10%）于 200 mL 烧杯中，盖上表面皿，沿烧杯嘴缓慢加入 10 mL 1∶1 HCl 溶液，待 Zn 片全部溶解后，定量转移到 250 mL 容量瓶中，用水定容到刻度，摇匀，计算 Zn^{2+}的准确浓度。用 25 mL 移液管准确移取上述 Zn^{2+}标准溶液置于 250 mL 锥形瓶中，加 1 滴甲基红，用 1∶2 氨水中和 Zn^{2+}标准溶液中的 HCl，溶液由红变黄即可。加 10 mL NH$_3$·H$_2$O－NH$_4$Cl 缓冲溶液和 20 mL 水，再加 2 滴铬黑 T 指示剂，用待标定的 EDTA 溶液滴定至溶液由紫红色变为蓝色，即为终点，平行三次。计算 EDTA 溶液的准确浓度。

B. 铜（Ⅱ）含量的测定

准确称取 0.17～0.19 g 产物，分别置于两个 250 mL 锥形瓶中，用 15 mL NH$_3$·H$_2$O－NH$_4$Cl 缓冲溶液（pH＝10）溶解，再稀释到 100 mL。加 3 滴紫脲酸铵指示剂，用 EDTA 标准溶液滴定至溶液变为亮紫色时即为终点。根据滴定结果，计算 Cu^{2+}的含量。平行滴定三次。

(3) 草酸根含量的测定

A. 0.02 mol·L^{-1} KMnO$_4$ 溶液的标定

用差减法准确称取经烘干的基准 Na$_2$C$_2$O$_4$ 三份（按照消耗滴定剂的体积，先计算称取 Na$_2$C$_2$O$_4$ 的质量范围），分别置于 250 mL 锥形瓶中，加入 50 mL 蒸馏水使之溶解，再加 15 mL 3 mol·L^{-1} H$_2$SO$_4$ 溶液，水浴加热至 75 ～ 85 ℃（瓶口冒较多热气），趁热用待标定的 KMnO$_4$ 溶液进行滴定。开始滴定的速度应当慢一些，待溶液中产生 Mn^{2+}后，滴定速度可加快，直至溶液呈粉红色并且半分种内不褪色即为终点。根据 Na$_2$C$_2$O$_4$ 质量和所消耗 KMnO$_4$ 溶液的体积，计算 KMnO$_4$ 标准溶液的准确浓度。

B. C$_2$O$_4^{2-}$ 含量的测定

准确称取 0.21～0.23 g 产物，分别加入 2 mL 浓氨水后，再加入 22 mL 3 mol·L^{-1} H$_2$SO$_4$ 溶液，此时会有淡蓝色沉淀出现，稀释到 100 mL。水浴加热至 75～85 ℃（瓶口冒较多热气），趁热用已标定的 KMnO$_4$ 溶液进行滴定。直至溶液呈粉红色并且半分种内不褪色即为终点。沉淀在滴定过程会逐渐消失。根据滴定结果，计算 C$_2$O$_4^{2-}$ 的含量。

3. 数据记录与处理
（1）制备

称样质量（$CuSO_4 \cdot 5H_2O$）	
称样质量（$K_2C_2O_4 \cdot H_2O$）	
产品质量	
产率	

（2）组成测定

结晶水含量的测定			
序号		1	2
样品质量 $m_{样}$/g			
坩埚质量 m_0/g	第一次		
	第二次		
加样后总质量 m_1/g			
烘干后质量 m_2/g	第一次		
	第二次		
水的质量 $m_水$/g			
水含量 $W_{(H_2O)}$%			
相对相差			

铜含量的测定		
序号	1	2
样品质量 $m_{样}$/g		
$c_{(EDTA)}$/mol·L^{-1}		
初读数		
终读数		
$V_{(EDTA)}$/mL		
（Cu）%		
平均（Cu）%		
相对误差		

草酸根含量的测定		
序号	1	2
样品质量 $m_{样}$/g		
$c_{(KMnO_4)}$/ mol·L^{-1}		
初读数		
终读数		
$V_{(KMnO_4)}$/mL		
（$C_2O_4^{2-}$）%		
平均（$C_2O_4^{2-}$）%		
相对误差		

思考题

1. 请设计由硫酸铜合成二草酸合铜（Ⅱ）酸钾的其他方案。

2. 实验中为什么不采用氢氧化钾与草酸反应生成草酸氢钾？

3. 在制备 $K_2[Cu(C_2O_4)_2]$ 时，为什么过滤 CuO 必须用双层滤纸？

4. $C_2O_4^{2-}$ 测定的原理是什么？

5. pH 过大或过小对分析有何影响？

6. 二草酸合铜（Ⅱ）酸钾晶体中的结晶水的测定可采用差热热重法，请根据下列 TG 图谱分析计算二草酸合铜（Ⅱ）酸钾的晶体中含有几个结晶水（已知该化合物分子式为 $K_2[Cu(C_2O_4)_2] \cdot xH_2O$，$x$ 为正整数）？

7. 根据说明失重法测水为什么在 503K 下？

8. 在用 Zn 标定 EDTA 的浓度时，可在 pH＝10.0 的 $NH_3 \cdot H_2O$－NH_4Cl 缓冲溶液中进行，也可在 pH＝5～6 的 HAc－NaAc 缓冲溶液中进行，在本实验中为什么使用 pH ＝10.0 的 $NH_3 \cdot H_2O$－NH_4Cl 缓冲溶液？

9. 在用 $Na_2C_2O_4$ 标定 $KMnO_4$ 溶液浓度以及测定 $C_2O_4^{2-}$ 含量时，溶液的温度为什么要控制在 75～85 ℃？

附：

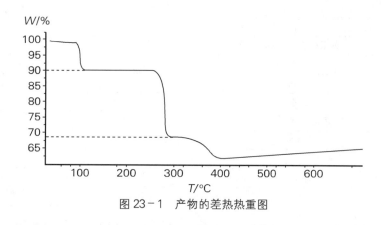

图 23－1　产物的差热热重图

实验 24　钴（Ⅲ）氨氯配合物的制备和组成分析

实验目的

1. 学习配位化合物的制备方法；

2. 学习水蒸气蒸馏的操作；

3. 熟悉几种离子的测定方法；

4. 了解用电导法测定离子电荷的原理；

5. 掌握电子光谱测定配合物分裂能的方法；

6. 了解如何查阅文献、设计实验方案、准备实验用品（包括溶液的配制和标定、仪器的使用）、处理实验结果等过程，提高独立分析问题、解决问题的综合能力；

7. 在基本操作训练的基础上，应用所学基本理论和实验技能，独立完成设计实验方案、实验、观察实验现象、测定实验数据和总结讨论实验结果、并撰写实验论文。

♨ 实验原理

三氯化六氨合钴是一种典型的维尔纳配合物。$[Co(NH_3)_6]Cl_3$ 是反磁性的，低自旋的，钴（Ⅲ）处于阳离子八面体的中心。由于阳离子符合 18 电子规则，因此被认为是一例典型的对配体交换反应呈惰性的金属配合物。作为其对配体交换反应呈惰性的一个体现，$[Co(NH_3)_6]Cl_3$ 中的 NH_3 与中心原子 $Co(Ⅲ)$ 的配位非常紧密 （$K_{不稳}^\ominus = 2.2 \times 10^{-34}$），以至于 NH_3 不会在酸溶液中发生解离和质子化，使得 $[Co(NH_3)_6]Cl_3$ 可从浓盐酸中重结晶析出。与之相反，一些不稳定的配合物，如 $[Ni(NH_3)_6]Cl_2$ 则由于 $Ni(Ⅱ)-NH_3$ 键不稳定，易产生酸效应而分解。在加热条件下，$[Co(NH_3)_6]Cl_3$ 会逐渐失去 NH_3 配体，最终变成强氧化剂。

根据有关电对的标准电极电位可以知道，在通常情况下，二价钴盐比三价钴盐稳定得多，而在许多场合下它们的配合物正好相反，三价钴反而比二价钴稳定，而活性的 $Co(Ⅱ)$ 配合物很容易形成。因此通常采用氧化二价钴配合物的方法，来制备三价钴的配合物。

能将 $Co(Ⅱ)$ 配合物氧化成 $Co(Ⅲ)$ 配合物的氧化剂有多种，如 PbO_2，它可被还原成 Pb^{2+}，在 Cl^- 存在时，它可成为 $PbCl_2$ 沉淀，可过滤除去；SeO_2 也是一个很好的氧化剂，还原产物 Se 沉淀可过滤除去；最好的氧化剂是空气（空气中富含 O_2）或 H_2O_2，不会引入任何杂质。卤素单质也是很好的氧化剂，但应用卤素做氧化剂会引入卤素离子 X^-；最好不用 $KMnO_4$、$K_2Cr_2O_7$、$Ce(Ⅳ)$ 等，因为它们会引入其他离子，增加了分离杂质的手续。

氯化钴（Ⅲ）的氨合物有很多种，主要有三氯化六氨合钴（Ⅲ）（$[Co(NH_3)_6]Cl_3$，橙黄色晶体）、三氯化五氨·一水合钴（Ⅲ）（$[Co(NH_3)_5H_2O]Cl_3$，砖红色晶体）、二氯化一氯·五氨合钴（Ⅲ）（$[Co(NH_3)_5Cl]Cl_2$，红紫色晶体）等，它们的制备条件各不相同。

1. 二氯化一氯·五氨合钴（Ⅲ）的合成

二氯化一氯·五氨合钴（Ⅲ）可用不同的方法制得，如将 $[Co(NH_3)_5H_2O](NO_3)_2$ 与浓 HCl 共热或将 $[Co(NH_3)_5H_2O]CO_3$ 等与 HCl 处理。本实验在 NH_4Cl 存在下，用 H_2O_2 氧化 $CoCl_2$ 的氨性溶液，随后与浓 HCl 反应即得：

$$2CoCl_2 + 2NH_4Cl + 8NH_3 + H_2O_2 \xrightarrow{\Delta} 2[Co(NH_3)_5H_2O]Cl_3 \qquad (1)$$

$$[Co(NH_3)_5H_2O]Cl_3 \xrightarrow{\text{浓盐酸}} [Co(NH_3)_5Cl]Cl_2 + H_2O \qquad (2)$$

2. 三氯化六氨合钴（Ⅲ）的合成及组成测定

（1）制备

本实验用活性碳作催化剂，在过量氨和氯化铵的存在下，用过氧化氢氧化氯化亚钴溶液制备三氯化六氨合钴（Ⅲ），反应式为：

$$2CoCl_2 + 2\,NH_4Cl + 10NH_3 + H_2O_2 = 2[Co(NH_3)_6]Cl_3 + 2H_2O \qquad (3)$$

所得产品$[Co(NH_3)_6]Cl_3$为橙黄色单斜晶体，20 ℃时在水中的溶解度为 0.26 mol·L^{-1}。

（2）组成测定

配位数的确定：虽然该配离子很稳定，但在强碱性介质中煮沸时可分解为氨气和 Co$(OH)_3$ 沉淀。用标准酸吸收所挥发出来的氨，即可测定该配离子的配位数。

$$[Co(NH_3)_6]Cl_3 + 3NaOH = Co(OH)_3\downarrow + 6NH_3\uparrow + 3NaCl$$

NH_3 的测定原理：由于三氯化六氨合钴（Ⅲ）在强酸强碱（冷时）的作用下，基本不被分解，只有在沸热的条件下，才被强碱分解。所以试样液加 NaOH 溶液作用，加热至沸使三氯化六氨合钴（Ⅲ）分解，并蒸出氨。蒸出的氨用过量的 2% 硼酸溶液吸收，以甲基橙为指示剂，用 HCl 标准液滴定生成的硼酸氨，可计算出氨的百分含量。

$$[Co(NH_3)_6]Cl_3 + 3NaOH = Co(OH)_3\downarrow + 6NH_3\uparrow + 3NaCl$$

$$NH_3 + H_3BO_3 = NH_4H_2BO_3$$

$$NH_4H_2BO_3 + HCl = H_3BO_3 + NH_4Cl$$

钴的测定原理：利用 3 价钴离子的氧化性，通过碘量法测定钴的含量：

$$[Co(NH_3)_6]Cl_3 + 3NaOH = Co(OH)_3 + 6NH_3 + 3NaCl$$

$$Co(OH)_3 + 3HCl = Co^{3+} + 3H_2O + 3Cl^-$$

$$2Co^{3+} + 2I^- = 2Co^{2+} + I_2$$

$$I_2 + 2S_2O_3^{2-} = 2I^- + S_4O_6^{2-}$$

（3）外界的确定

通过测定配合物的电导率可确定其电离类型及外界 Cl^- 的个数，即可确定配合物的组成。

氯的测定原理：利用莫尔法测定氯的含量，即在含有 Cl^- 的中性或弱碱性溶液中，以 K_2CrO_4 作指示剂，用 $AgNO_3$ 标准溶液滴定 Cl^-。由于 AgCl 的溶解度比 $AgCrO_4$ 小，根据分步沉淀原理，溶液中首先析出 AgCl 白色沉淀。当 AgCl 定量沉淀完全后，稍过量的 Ag^+ 与 CrO_4^{2-} 生成砖红色的 Ag_2CrO_4 沉淀，从而指示终点。

终点前：$Ag^+ + Cl^- = AgCl$（白色）$K_{sp}^{\theta} = 1.8\times10^{-10}$

终点时：$2Ag^+ + CrO_4^{2-} = Ag_2CrO_4$（砖红色）$K_{sp}^{\theta} = 2.0\times10^{-12}$

3. 摩尔电导的测定

配离子电荷的测定对于了解配合物的结构和性质有着重要的作用，最常用的方法是电导法。电导是电阻的倒数，用 λ 表示，单位为 S（西门子）。溶液的电导是该溶液传导电流的量度。电导 λ 的大小与两极间的距离 L 成反比，与电极的面积 A 成正比：

$$\lambda = KA/L \tag{4}$$

K 称为电导率或比电导（电阻率的倒数），表示长度 L 为 1 cm，截面积 A 为 1 cm^2 时溶液的电导，也就是 1 cm^3 溶液中所含的离子数与该离子的迁移速度所决定的溶液的导电能力。因此，电导率 K 与电导池的结构无关。

电解质溶液的电导率 K 随溶液中离子的数目不同而变化，即溶液的浓度不同而变化。

因此，通常用摩尔电导 Λ_m 来衡量电解质溶液的导电能力，摩尔电导 Λ_m 的定义为 1 摩尔电解质溶液置于相距为 1cm 的两电极间的电导，摩尔电导与电导率之间有如下关系：

$$\Lambda_m = \frac{K}{1000c} \text{（}c\text{ 为电解质溶液的摩尔浓度，单位 mol} \cdot \text{L}^{-1}\text{）} \tag{5}$$

如果测得一系列已知离子数物质的摩尔电导 Λ_m，并和被测配合物的摩尔电导 Λ_m 相比较，即可求得配合物的离子总数，或直接测定配合物的摩尔电导 Λ_m，由 Λ_m 的数值范围来确定其离子数，从而可以确定配离子的电荷数。25 ℃时，离子总数与摩尔电导之间有如下的经验关系：

离子构型	离子数目	摩尔电导率 $\Lambda_m/(\text{S} \cdot \text{m}^2 \cdot \text{mol}^{-1})$
MA	2	$118 \sim 131 \times 10^{-4}$
MA_2 或 M_2A	3	$235 \sim 273 \times 10^{-4}$
MA_3 或 M_3A	4	$403 \sim 442 \times 10^{-4}$
MA_4 或 M_4A	5	$523 \sim 558 \times 10^{-4}$

本实验通过测定二氯化一氯五氨合钴（Ⅲ）和三氯化六氨合钴（Ⅲ）溶液的摩尔电导，通过计算获得 Λ_m 的数值，与上表中的 Λ_m 数值进行比较，从而可确定三种配合物的离子类型。

4. 配合物分裂能的测定

配合物分子中外层电子跃迁而产生的光谱称为配合物的电子光谱。电子在分裂后 d 轨道间的跃迁称为 d—d 跃迁。

在配位化合物中，大多数的中心离子为过渡元素原子，其价电子层有 5 个 d 轨道，它们的能级相同，但由于五个 d 轨道在空间的伸展方向各不相同，因而受配位体电场的影响也各不相同，产生了 d 轨道能级分裂，d 轨道能级分裂为两组，能级较低的一组称为 t_{2g} 轨道，能级较高的一组称为 e_g 轨道，t_{2g} 与 e_g 轨道能级之差记为 Δ_0 称为分裂能。

分裂能 Δ_0 值的大小受中心离子的电荷、周期数、d 轨道电子数和配体性质等因素的影响，对于同一中心离子和相同类型的配合物，Δ_0 值的大小取决于配位体的强弱，其大小顺序如下：

$I^- < Br^- < Cl^- \sim CNS^- < F^- \sim OH^- \approx NO_2^- \approx HCOO^- < C_2O_4^{2-} < H_2O < SCN^- < NH_2CH_2COO^- < EDTA < 吡啶 \approx NH_3 < 乙二胺 < SO_3^{2-} < CN^-$

上述 Δ 值的次序称为光谱化学序列，因此如果配合物中系列左边的配位体为系列右边的配位体所取代，则吸收峰朝短波方向移动或高波数移动。

本实验通过测定相同中心离子，不同配位体的配合物的吸收曲线，并找出最大吸收光谱数据，按下式求出 Δ_0 值。

$$\Delta_0 = \frac{1}{\lambda} \times 10^7 \ (\text{cm}^{-1}) \tag{6}$$

式中 λ 为波长，单位为 nm。

仪器和试剂

1. 仪器

台称，烧杯，玻璃棒，洗瓶，洗耳球，分析天平，蒸馏装置，DDS—ⅡA 型电导率仪（1 台）并配 DJS—Ⅰ型铂黑电极，锥形瓶，滴定管，干燥器，烘箱，容量瓶（2 只 250 mL 和 4 只 100 mL），移液管（10 mL），量筒（50 mL，10 mL 各 1 只），水浴锅，分光光度计，称量瓶（2 只），抽滤瓶，布氏漏斗，循环水泵。

2. 试剂

$CoCl_2 \cdot 6H_2O$，氨水，NH_4Cl，H_2O_2（6％，30％），活性碳，盐酸（浓，1：1），乙醇，氢氧化钠（0.5 mol·L^{-1}，10％），甲基红（0.1％），标准硫代硫酸钠溶液（0.5 mol·L^{-1}），10 g·L^{-1} 淀粉溶液，$AgNO_3$（0.1 mol·L^{-1}），50 g·L^{-1} K_2CrO_4 溶液。

实验步骤

一、二氯化一氯·五氨合钴（Ⅲ）的制备

1. 在 250 mL 锥形瓶中，溶解 1.8 g NH_4Cl 于 12 mL 浓氨水中，盖上表面皿，在不断摇动下，慢慢分批加入 3 g $CoCl_2 \cdot 6 H_2O$，每次分少量加入，等溶解完全后加入下一批，继续摇动，变成棕色浆状物，同时生成橙黄色的 $[Co(NH_3)_6]Cl_2$ 沉淀。

2. 用滴定管逐滴加入 H_2O_2（30％）约 3 mL，在通风橱中进行，不断摇动溶液直至气泡终止，溶液中有深红色的 $[Co(NH_3)_5H_2O]Cl_3$ 沉淀生成。

3. 慢慢加入浓 HCl 约 12 mL（在通风橱中进行）。

4. 将三角烧瓶置于沸水浴上加热约 20 min，并不时摇动混合液，冷至室温，即有大量红紫色 $[Co(NH_3)_5Cl]Cl$ 沉淀，双层滤纸抽滤，沉淀依次用冰水（蒸馏水），冷却过的 1：1 的 HCl 和乙醇洗涤，产品于 100 ℃烘 2 h，计算产率。

二、三氯化六氨合钴（Ⅲ）的制备

1. 在 250 mL 锥形瓶中加入 6 g 氯化亚钴 $CoCl \cdot 6H_2O$、4 g $NHCl$ 和 7 mL 水，加热溶解。

2. 加入 0.3 g 活性碳，冷却。

3. 加入 14 mL 浓氨水，进一步冷至 10 ℃以下，缓慢加入 14 mL 6％的过氧化氢。

4. 在水浴中加热至 60 ℃左右，并维持此温度约 20 min（适当摇动锥形瓶）。用自来水冷却，再用冰水冷却。布氏漏斗抽滤。

5. 将沉淀溶于含有 2 mL 浓盐酸和 50 mL 沸水的小烧杯中，趁热过滤（用三角漏斗）。

6. 用少量蒸馏水洗涤小烧杯，煮至近沸，一并倒入漏斗中，洗出残渣中的有用物，慢慢加入 7 mL 浓盐酸于滤瓶中，用冰水冷却，即有橙黄色晶体析出。

7. 双层滤纸抽滤，用少量乙醇洗涤两次，抽干。

8. 将固体用药铲取出置于称量瓶中，于烘箱中 100 ℃干燥 2 h 或真空干燥器中干燥。

9. 称重，计算产率。

三、三氯化六氨合钴（Ⅲ）组成的测定

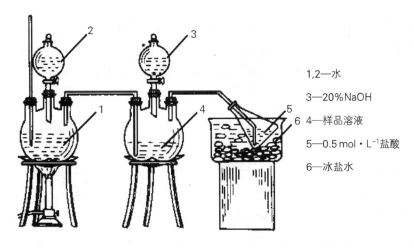

图 24-1　水蒸气蒸馏装置

1,2—水
3—20%NaOH
4—样品溶液
5—0.5 mol·L⁻¹盐酸
6—冰盐水

1. 氨的测定

准确称取 0.2 g 左右产品，用少量水溶解加入如图 24-1 所示的样品溶液 4 中，然后逐滴加入 10 mL 10% 氢氧化钠溶液，通入蒸汽，蒸馏出游离的氨。

用 $0.5\ mol\cdot L^{-1}$ 标准盐酸溶液吸收。通蒸汽约 1 h 左右（若逸出蒸汽的速度太慢，可适当地加热盛放样品的烧瓶）。取下接收瓶，以 $1\ g\cdot L^{-1}$ 甲基橙酒精溶液为指示剂，用 $0.5\ mol\cdot L^{-1}$ 标准碱液滴定过剩的盐酸。计算氨的质量分数，与理论值比较。

2. 钴的测定

精确称取 0.2 g 左右的产品于 250 mL 烧杯中，加水溶解。加入 10% 氢氧化钠溶液 10 mL，将烧杯水浴加热。待氨全部被赶走后，冷却。加入 1 g 碘化钾固体及 10 mL $6\ mol\cdot L^{-1}$ HCl 溶液，于暗处放置 5 min 左右。用 $0.05\ mol\cdot L^{-1}$ 的标准硫代硫酸钠溶液滴定到浅黄色，加入 1 mL 新配的 $10\ g\cdot L^{-1}$ 的淀粉溶液后，再滴至蓝色消失。计算钴的质量分数，与理论值比较。

3. 氯的测定

①采用 $0.1\ mol\cdot L^{-1}$ AgNO₃ 标准溶液滴定样品中的氯氧含量。

②试根据所学的知识，进行计算，并配制样品液。

③测定时，以 $50\ g\cdot L^{-1}$ K₂CrO₄ 溶液为指示剂（每次 1 mL），用 $0.1\ mol\cdot L^{-1}$ AgNO₃ 标准溶液滴定至出现淡红棕色不再消失。

④按照滴定的数据，计算氯的质量分数。

由以上分析氨、钴、氯的含量，写出产品的化学式。

四、配合物电子光谱的测定

1. 精确称取约 0.2 g 的 $[Co(NH_3)_5Cl]Cl_2$ 和 0.2 g $[Co(NH_3)_6]Cl_3$，分别溶于少量蒸馏水中，然后转移到 100 mL 容量瓶中，并定容至刻度。

2. 在波长 300～800 nm，以蒸馏水为空白，用 1 cm 比色皿在紫外－可见分光度计上分别测定以上各配合物的吸光度。

3. 从仪器上读出并计录最大波长的吸收峰位置，并按（6）式计算不同配体的分裂能 Δ。

4. 由计算所得的 Δ 值的相对大小，排列出配体的光谱化学序列。

五、电导法测定配离子的电荷

1. 用移液管吸取 25 mL（四）中所配置的 $[Co(NH_3)_5Cl]Cl_2$ 和 25 mL $[Co(NH_3)_6]Cl_3$ 溶液，分别稀释至 250 mL 的容量瓶中，浓度大约为 $8×10^{-4}$ mol·L^{-1}。

2. 测定溶液在 25 ℃时的电导率，填入下表。

配离子	电导率/ $(S·m^{-1})$	摩尔电导/ $(S·m^2·mol^{-1})$	离子数	配离子电荷
$[Co(NH_3)_5Cl]^{2+}$				
$[Co(NH_3)_6]^{3+}$				

由测得的配合物溶液的电导率，根据 $\Lambda_m = k/1000c$ 算出其摩尔电导率 Λ_m，由 Λ_m 的数值范围来确定其离子数，从而确定配离子的电荷。

♨ 数据处理和分析

1. 氨的含量计算

（1）HCl 的浓度 $c=$ _____ mol/L；滴定需 $V=$ _____ mL。

（2）氨的含量计算

$m_{([Co(NH_3)_6]Cl_3)} =$ _____ g；

根据反应方程式，得 HCl 与 NH_3 的计量比为 1:1；

样品中 $NH_3\% = \dfrac{c_{(HCl)} · V_{(HCl)} · M_{(NH_3)}}{1000×m_{样}}$

1 mol 样品中所含氨的物质的量为 _____ mol。

2. 钴的含量计算

$Na_2S_2O_3$ 的标定浓度 _____ mol/L；

$m_{([Co(NH_3)_6]Cl_3)} =$ _____ g；

根据反应方程式得 Co^{3+} 与 $Na_2S_2O_3$ 的计量比为 1:1；

样品中 $Co\% = \dfrac{c_{(Na_2S_2O_3)} · V_{(Na_2S_2O_3)} · 58.93}{1000×m_{样}}$

1 mol 样品中所含钴的物质的量为 _____ mol。

3. 氯的含量计算

$AgNO_3$ 的标定浓度为 _____ mol/L；

$m_{([Co(NH_3)_6]Cl_3)} =$ _____ g；

根据反应方程式，Cl^- 与 $AgNO_3$ 的计量比为 1:1；

样品中
$$Cl\% = \frac{c_{(AgNO_3)} \cdot V_{(AgNO_3)} \cdot 35.5}{1000 \times m_{样}}$$

1 mol 样品中所含氯的物质的量为_____mol。

综合上述结果：

[Co(NH₃)₆]Cl₃ 含量测定结果			
	氨	钴	氯
实验测定结果			
理论结果			
偏差			
相对偏差			
摩尔比	氨：钴：氯＝		
样品的化学式			

4. 确定配离子电荷

配离子	电导率 / (S·m⁻¹)	摩尔电导 / (S·m²·mol⁻¹)	离子数	配离子电荷
[Co(NH₃)₅Cl]²⁺				
[Co(NH₃)₆]³⁺				

由测得的配合物溶液的电导率，根据 $\Lambda_m = k/1000c$ 算出其摩尔电导率 Λ_m，由 Λ_m 的数值范围来确定其离子数，从而可确定配离子的电荷。

思考题

1. 在三氯化六氨合钴（Ⅲ）的制备中，在水浴上加热 20 min 的目的是什么？可否加热至沸？

2. 在三氯化六氨合钴（Ⅲ）的制备中，加入 H₂O₂ 和浓 HCl 时，都要慢慢加入，为什么？它们在制备三氯化六氨合钴（Ⅲ）过程中起什么作用？

3. 测定溶液的电导率时，溶液的浓度范围是否有一定要求？为什么？

4. 如何解释配位体场的强度对分裂能 Δ 的影响？

5. 在制定配合物电子光谱时所配溶液的浓度是否要十分精确？为什么？

实验 25　混合离子的分离和鉴定

实验目的

1. 了解常见离子的基本性质和重要反应；
2. 掌握常见离子的分离原理；
3. 进一步练习常见离子分离的基本操作。

实验原理

离子的分离是以各离子对试剂的不同反应为依据的，这种反应常伴随有特殊的现象，如沉淀的生成或溶解，特殊颜色的出现，气体的产生，等等。各离子对试剂作用的相似性和差异性都是构成离子分离与检出方法的基础，也就是说，离子的基本性质是进行分离的基础。因而要想掌握离子的分离方法，就要熟悉离子的基本性质。

离子的分离只有在一定条件下才能进行。所谓一定的条件主要指溶液的酸度、反应物的浓度、反应温度、促进或妨碍此反应的物质是否存在等。为使反应向所期望的方向进行，就必须选择适当的反应条件。因此，除了要熟悉离子的有关性质外，还要学会运用离子平衡（酸碱、沉淀、氧化还原、配位等平衡）的规律控制反应条件，这对于我们进一步掌握离子分离条件和鉴定方法的选择将有很大帮助。

1. 常见阳离子的分离

常见阳离子分离是通过阳离子与常用试剂的反应及其差异将离子分开。

常见阳离子与常用试剂的反应：

与 HCl 溶液反应	
Ag^+	$AgCl \downarrow$ 白色，溶于氨水
Hg_2^{2+}	$Hg_2Cl_2 \downarrow$ 白色，溶于浓 HNO_3 及 H_2SO_4
Pb^{2+}	$PbCl_2 \downarrow$ 白色，溶于热水、NH_4Ac、$NaOH$
与 H_2SO_4 的反应	
Ba^{2+}	$BaSO_4 \downarrow$ 白色，难溶于酸
Sr^{2+}	$SrSO_4 \downarrow$ 白色，溶于煮沸的酸
Ca^{2+}	$CaSO_4 \downarrow$ 白色，溶解度较大，当 Ca^{2+} 浓度很大时，才析出沉淀
Pb^{2+}	$PbSO_4 \downarrow$ 白色，溶于 $NaOH$、NH_4Ac（饱和）、热 HCl 溶液、浓 H_2SO_4、不溶于稀 H_2SO_4
Ag^+	$Ag_2SO_4 \downarrow$ 白色，在浓溶液中产生沉淀，溶于热水

与 NaOH 反应	
Al^{3+}	AlO_2^- 或 $[Al(OH)_4]^-$
Zn^{2+}	ZnO_2^{2-} 或 $[Zn(OH)_4]^{2-}$
Pb^{2+}	PbO_2 或 $[Pb(OH)_4]^{2-}$
Sb^{3+}	SbO_2^-
Sn^{2+}	SnO_2^{2-} 或 $[Sn(OH)_4]^{2-}$

与浓 NaOH 反应	
Cu^{2+}	加热条件下产生 $[Cu(OH)_4]^{2-}$

与过量 NH_3 反应	
$Ag+$	$[Ag(NH_3)_2]^+$
Cu^{2+}	$[Cu(NH_3)_4]^{2+}$ (深蓝)
Cd^{2+}	$[Cd(NH_3)_4]^{2+}$
Zn^{2+}	$[Zn(NH_3)_4]^{2+}$
Ni^{2+}	$[Ni(NH_3)_4]^{2+}$ (蓝紫色)
Co^{2+}	$[Co(NH_3)_6]^{2+}$ (土黄色), 与 O_2 反应生成 $[Co(NH_3)_6]^{3+}$ (棕红色)

与 $(NH_4)_2CO_3$ 反应		
	适量	过量
Cu^{2+}	$Cu_2(OH)_2CO_3 \downarrow$ 浅蓝	$[Cu(NH_3)_4]^{2+}$ 深蓝
Ag^+	$Ag_2CO_3(Ag_2O) \downarrow$ 白色	$[Ag(NH_3)_2]^+$ 无色
Zn^{2+}	$Zn_2(OH)_2CO_3 \downarrow$ 白色	$[Zn(NH_3)_4]^{2+}$ 无色
Cd^{2+}	$Cd_2(OH)_2CO_3 \downarrow$ 白色	$[Cd(NH_3)_4]^{2+}$ 无色
Hg^{2+}	$Hg_2(OH)_2CO_3 \downarrow$ 白色	
Hg_+^{2+}	Hg_2CO_3 (白) $\downarrow \rightarrow HgO \downarrow$ (黄) $+ Hg \downarrow$ (黑) $+ CO_2 \uparrow$	
Mg^{2+}	$Mg_2(OH)_2CO_3 \downarrow$ 白色	
Pb^{2+}	$Pb_2(OH)_2CO_3 \downarrow$ 白色	
Bi^{3+}	$(BiO)_2CO_3 \downarrow$ 白色	
Ca^{2+}	$CaCO_3 \downarrow$ 白色	
Sr^{2+}	$SrCO_3 \downarrow$ 白色	
Ba^{2+}	$BaCO_3 \downarrow$ 白色	
Al^{3+}	$Al(OH)_3 \downarrow$ 白色	
Sn^{2+}	$Sn(OH)_2 \downarrow$ 白色	
Sn^{4+}	$Sn(OH)_4 \downarrow$ 白色	
Sb^{3+}	$Sb(OH)_3 \downarrow$ 白色	

  各种阳离子生成硫化物沉淀的条件及其硫化物溶解度的差别可用于进行阳离子分离。除黑色硫化物以外,可利用硫化物沉淀的颜色进行离子鉴别。

在 0.3 mol·L⁻¹ HCl 溶液中通入 H₂S 气体生成沉淀的离子	
Ag^+	$Ag_2S\downarrow$ 黑色，溶于硝酸
Pb^{2+}	$PbS\downarrow$ 黑色，溶于浓 HCl，硝酸
Cu^{2+}	$CuS\downarrow$ 黑色，溶于硝酸
Cd^{2+}	$CdS\downarrow$ 黄色，溶于较浓 HCl
Bi^{3+}	$Bi_2S_3\downarrow$ 褐色，溶于 HCl
Hg_2^{2+}	$HgS\downarrow$ 黑色，溶于王水，Na_2S
Hg^{2+}	$HgS\downarrow$ 黑色，溶于王水，Na_2S
Sb(V)	$Sb_2S_5\downarrow$ 橙色，溶于浓 HCl、NaOH、Na_2S
Sb(Ⅲ)	$Sb_2S_3\downarrow$ 橙色，溶于浓 HCl、NaOH、Na_2S
Sn(Ⅳ)	$SnS_2\downarrow$ 黄色，溶于浓 HCl、NaOH、Na_2S
Sn(Ⅱ)	$SnS\downarrow$ 褐色，溶于浓 HCl、$(NH_4)_2S_x$，不溶于 NaOH

在 0.3 mol·L⁻¹ HCl 溶液中通入 H₂S 气体不生成沉淀，但在氨性介质($NH_3·H_2O-NH_4Cl$)中通入 H₂S 气体[或加入$(NH_4)_2S$]产生沉淀的离子

Zn^{2+}	$ZnS\downarrow$ 白色，溶于稀 HCl 溶液，不溶于 HAc 溶液
Co^{2+}	$CoS\downarrow$ 黑色，溶于稀 HCl 溶液，不溶于 HAc 溶液
Ni^{2+}	$NiS\downarrow$ 黑色，溶于稀 HCl 溶液，不溶于 HAc 溶液
Mn^{2+}	$MnS\downarrow$ 肉色，溶于稀 HCl 溶液
Al^{3+}	$Al(OH)_3\downarrow$ 白色，溶于强碱及稀 HCl 溶液
Cr^{3+}	$Cr(OH)_3\downarrow$ 灰绿色，溶于强碱及稀 HCl 溶液

2. 常见阴离子的分离

由于阴离子间的相互干扰较少，实际上许多离子共存的机会也较少，因此大多数阴离子分析一般都采用分别分析的方法，只有少数相互有干扰的离子才采用系统分析法。

（1）用 pH 试纸测试未知溶液的酸碱性

如果溶液呈酸性，哪些离子不可能存在？

如果试液呈碱性或中性，可取试液数滴，用 3 mol·L⁻¹ H_2SO_4/HCl 酸化并水浴加热。

若无气体产生，表示 CO_3^{2-}、NO_2^-、S^{2-}、SO_3^{2-}、$S_2O_3^{2-}$ 等离子不存在；如果有气体产生，则可根据气体的颜色、臭味和性质初步判断哪些阴离子可能存在。

（2）钡组阴离子的检验

在离心试管中加入几滴未知液，加入 1~2 滴 1 mol·L⁻¹ $BaCl_2$ 溶液，观察有无沉淀产生。如果有白色沉淀产生，可能有 SO_4^{2-}、SO_3^{2-}、PO_4^{3-}、CO_3^{2-} 等离子（$S_2O_3^{2-}$ 的浓度大时才会产生 BaS_2O_3 沉淀）。离心分离，在沉淀中加入数滴 6 mol·L⁻¹ HCl，根据沉淀是否溶解，进一步判断哪些离子可能存在。

（3）银盐组阴离子的检验

取几滴未知液，滴加 0.1 mol·L⁻¹ $AgNO_3$ 溶液。如果立即生成黑色沉淀，表示有 S^{2-} 存在；如果生成白色沉淀，迅速变黄、变棕、变黑，则有 $S_2O_3^{2-}$。但 $S_2O_3^{2-}$ 浓度大时，也可能生成$[Ag(S_2O_3)_2]^{3-}$ 而不析出沉淀。Cl^-、Br^-、I^-、CO_3^{2-}、PO_4^{3-} 都与 Ag^+ 形成浅色沉淀，如有黑色沉淀，则它们有可能被掩盖。离心分离，在沉淀中加入 6 mol·L⁻¹ HNO_3，必要时加热。

若沉淀不溶或只发生部分溶解，则表示 Cl^-、Br^-、I^- 有可能存在。

（4）氧化性阴离子检验

取几滴未知液，用稀 H_2SO_4 酸化，加 CCl_4 5～6 滴，再加入几滴 $0.1mol \cdot L^{-1}KI$ 溶液。振荡后，CCl_4 层呈紫色，说明有 NO_2^- 存在（若溶液中有 SO_3^{2-} 等，酸化后 NO_2^- 先与它们反应而不一定氧化 I^-，CCl_4 层无紫色不能说明无 NO_2^-）。

（5）还原性阴离子检验

取几滴未知液，用稀 H_2SO_4 酸化，然后加入 1～2 滴 $0.01 \ mol \cdot L^{-1}KMnO_4$ 溶液。若 $KMnO_4$ 的紫红色褪去，表示可能存在 SO_3^{2-}、$S_2O_3^{2-}$ 等离子。

3. 常见阴、阳离子的个别鉴定

参看附录1。

♨仪器和试剂

1. 仪器

离心机，试管，离心试管，煤气灯，烧杯。

2. 试剂：

固体试剂：亚硝酸钠（AR），$NaBiO_3$（AR）。

酸碱溶液：HCl（$2 \ mol \cdot L^{-1}$，$6 \ mol \cdot L^{-1}$，浓），H_2SO_4（$2 \ mol \cdot L^{-1}$），HNO_3（$6 \ mol \cdot L^{-1}$），HAc（$2 \ mol \cdot L^{-1}$，$6 \ mol \cdot L^{-1}$），NaOH（$2 \ mol \cdot L^{-1}$，$6 \ mol \cdot L^{-1}$），KOH（$2 \ mol \cdot L^{-1}$），$NH_3 \cdot H_2O$（$2 \ mol \cdot L^{-1}$，$6 \ mol \cdot L^{-1}$）。

盐溶液：NH_4Ac（$2 \ mol \cdot L^{-1}$），$(NH_4)_2C_2O_4$（饱和），NaAc（$2 \ mol \cdot L^{-1}$），NaCl（$1 \ mol \cdot L^{-1}$），Na_2S（$0.5 \ mol \cdot L^{-1}$），$NaHC_4H_4O_6$（饱和），KCl（$1 \ mol \cdot L^{-1}$），K_2CrO_4（$1 \ mol \cdot L^{-1}$），$K[Sb(OH)_6]$（饱和），$MgCl_2$（$0.5 \ mol \cdot L^{-1}$），$CaCl_2$（$0.5 \ mol \cdot L^{-1}$），$SnCl_2$（$0.1 \ mol \cdot L^{-1}$），$BaCl_2$（$0.5 \ mol \cdot L^{-1}$），$AlCl_3$（$0.1 \ mol \cdot L^{-1}$），$CuCl_2$（$0.1 \ mol \cdot L^{-1}$），$HgCl_2$（$0.1 \ mol \cdot L^{-1}$），$CrCl_3$（$0.1 \ mol \cdot L^{-1}$），$FeCl_3$（$0.1 \ mol \cdot L^{-1}$），$SbCl_3$（$0.1 \ mol \cdot L^{-1}$），Na_2CO_3（饱和），$Al(NO_3)_3$（$0.1 \ mol \cdot L^{-1}$），$Bi(NO_3)_3$（$0.1 \ mol \cdot L^{-1}$），$AgNO_3$（$0.1 \ mol \cdot L^{-1}$），$ZnSO_4$（$0.1 \ mol \cdot L^{-1}$），$Cd(NO_3)_2$（$0.1 \ mol \cdot L^{-1}$），$MnSO_4$（$0.1 \ mol \cdot L^{-1}$），$Ba(NO_3)_2$（$0.1 \ mol \cdot L^{-1}$），$Pb(NO_3)2$（$0.1 \ mol \cdot L^{-1}$），$FeSO_4$（$0.1 \ mol \cdot L^{-1}$），$NiSO_4$（$0.1 \ mol \cdot L^{-1}$），$CoCl_2$（$0.1 \ mol \cdot L^{-1}$），$NaNO_3$（$0.5 \ mol \cdot L^{-1}$），$K_4[Fe(CN)_6]$（$0.1 \ mol \cdot L^{-1}$，$0.5 \ mol \cdot L^{-1}$），$K_3[Fe(CN)_6]$（$0.1 \ mol \cdot L^{-1}$），NH_4SCN（饱和）。

其他：镁试剂，0.1%铝试剂，乙醚罗丹明B，苯邻二氮菲1%，H_2O_2（3%）1%，丁二酮肟丙酮，奈斯勒试剂，$(NH_4)_2[Hg(SCN)_4]$试剂，pH试纸。

♨实验内容

1. 分离并鉴定可能含有下列混合离子的未知液成分

（1）Cu^{2+}、Ag^+、Pb^{2+}、Bi^{3+}（均为 $0.1 \ mol \cdot L^{-1}$的硝酸盐）（见示例）

（2）Fe^{3+}、Ni^{2+}、Al^{3+}、Zn^{2+}（见示例）

（3）Ag^+、Cd^{2+}、Cr^{3+}、Fe^{3+}、Ba^{2+}

（4）Al^{3+}、Fe^{3+}、Zn^{2+}、Mn^{2+}、NH_4^+

（5）Hg^{2+}、Cu^{2+}、Ca^{2+}、Al^{3+}、Na^+

（6）Sn（Ⅳ）、Mn^{2+}、Co^{2+}、K^+、NH_4^+

(7) Sb（Ⅲ）、Cu^{2+}、Fe^{3+}、Zn^{2+}、Mg^{2+}

(8) Pb^{2+}、Hg^{2+}、Ni^{2+}、Mn^{2+}、Ba^{2+}

(9) Bi^{3+}、Cr^{3+}、Ni^{2+}、Ca^{2+}、Na^+

(10) Ag^+、Cd^{2+}、Co^{2+}、Pb^{2+}、K^+

2. 鉴定可能含有下列混合离子的未知液成分

(1) Cl^-、Br^-、I^-

(2) CO_3^{2-}、PO_4^{3-}、SO_4^{2-}

以上几组混合液，学生可先自行配制一种混合液，根据实验室提供的试剂，设计合理方案，进行分离鉴定。然后领取一份相应未知液，其中的阳离子可能全部存在或部分存在，请将它们一一鉴别出来。

❉方案设计参考

(1) Cu^{2+}、Ag^+、Pb^{2+}、Bi^{3+}

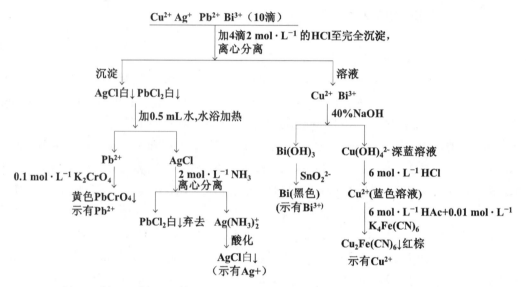

(2) Fe^{3+}、Ni^{2+}、Al^{3+}、Zn^{2+}

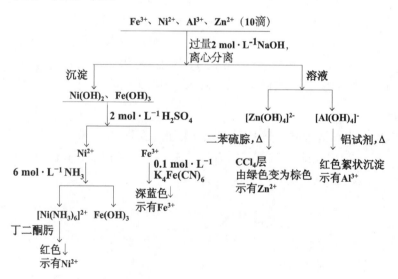

思考题

1. Al^{3+}、Fe^{3+}、Fe^{2+}、Co^{2+}、Zn^{2+}、Mn^{2+}中，哪些离子的氢氧化物具有两性？哪些离子的氢氧化物不稳定？哪些能生成氨的配合物？

2. Cu^{2+}的鉴定条件是什么？硫化铜溶于热的 $6\ mol \cdot L^{-1}\ HNO_3$后，如何证实有$Cu^{2+}$？

3. 在未知溶液分析中，当由碳酸盐沉淀转化为铬酸盐时，为什么必须用醋酸溶液去溶解碳酸盐沉淀，而不用强酸如盐酸去溶解？

附录

♨ 附录1 常见阴、阳离子的鉴定

• 阳离子的鉴定：

阳离子	鉴定方法	条件与干扰
Na^+	1. 取 2 滴 Na^+ 试液，加 8 滴醋酸铀酰试剂：$UO_2(Ac)_2 + Zn(Ac)_2 + HAc$，放置数分钟，用玻璃棒摩擦器壁，淡黄色的晶状沉淀出现，示有 Na^+： $3UO_2^{2+} + Zn^{2+} + Na^+ + 9Ac^- + 9H_2O =$ $3UO_2(Ac)_2 \cdot Zn(Ac)_2 \cdot NaAc \cdot 9H_2O$	1. 在中性或醋酸酸性溶液中进行，强酸强碱均能使试剂分解。需加入大量试剂，用玻璃棒摩擦器壁； 2. 大量 K^+ 存在时，可能生成 $KAc \cdot UO_2(Ac)_2$ 的针状结晶。如试液中有大量 K^+ 时用水冲稀 3 次后试验。Ag^+、Hg^{2+}、Sb^{3+} 有干扰，PO_4^{3-}、AsO_4^{3-} 能使试剂分解，应预先除去
	2. Na^+ 试液与等体积的 $0.1mol \cdot L^{-1} KSb(OH)_6$ 试液混合，用玻璃棒摩擦器壁，放置后产生白色晶形沉淀示有 Na^+：$Na^+ + Sb(OH)_6^- =$ $NaSb(OH)_6 \downarrow$。Na^+ 浓度大时，立即有沉淀生成，浓度小时因生成过饱和溶液，很久以后（几小时，甚至过夜）才有结晶附在器壁	1. 在中性或弱碱性溶液中进行，因酸能分解试剂； 2. 低温进行，因沉淀的溶解度随温度的升高而加剧； 3. 除碱金属以外的金属离子也能与试剂形成沉淀，需预先除去
K^+	1. 取 2 滴 K^+ 试液，加 3 滴六硝基合钴（Ⅲ）酸钠（$Na_3[Co(NO_2)_6]$）溶液，放置片刻，黄色的 $K_2Na[Co(NO_2)_6]$ 沉淀析出，示有 K^+： $2K^+ + Na^+ + [Co(NO_2)_6]^{3-} =$ $K_2Na[Co(NO_2)_6] \downarrow$	1. 中性微酸性溶液中进行，因酸碱都能分解试剂中的 $[Co(NO_2)_6]^{3-}$ 2. NH_4^+ 与试剂生成橙色沉淀 $(NH_4)_2Na[Co(NO_2)_6]$ 而干扰，但在沸水中加热 1~2 分钟后 $(NH_4)_2Na[Co(NO_2)_6]$ 完全分解，$K_2Na[Co(NO_2)_6]$ 无变化，故可在 NH_4^+ 浓度大于 K^+ 浓度 100 倍时，鉴定 K^+
	2. 取 2 滴 K^+ 试液，加 2~3 滴 $0.1 mol \cdot L^{-1}$ 四苯硼酸钠 $Na[B(C_6H_5)_4]$ 溶液，生成白色沉淀示有 K^+： $K^+ + [B(C_6H_5)_4]^- = K[B(C_6H_5)_4] \downarrow$	1. 在碱性中性或稀酸溶液中进行 2. NH_4^+ 有类似的反应而干扰，Ag^+、Hg^{2+} 的影响可加 NaCN 消除，当 pH=5，若有 EDTA 存在时，其他阳离子不干扰。
NH_4^+	1. 气室法：用干燥、洁净的表面皿两块（一大、一小），在大的一块表面皿中心放 3 滴 NH_4^+ 试液，再加 3 滴 $6 mol \cdot L^{-1}$ NaOH 溶液，混合均匀。在小的一块表面皿中心黏附一小条潮湿的酚酞试纸，盖在大的表面皿上做成气室。将此气室放在水浴上微热 2 min，酚酞试纸变红，示有 NH_4^+	这是 NH_4^+ 的特征反应

阳离子	鉴定方法	条件与干扰
	2. 取 1 滴 NH_4^+ 试液，放在白滴板的圆孔中，加 2 滴奈氏试剂（K_2HgI_4 的 NaOH 溶液），生成红棕色沉淀，示有 NH_4^+：$$NH_4^+ + 2[HgI_4]^{2-} + 4OH^- =$$ $$NH_3 + 2[HgI_4]^2 + OH^- = $$ $$+ H_2O + 5I^-$$ NH_4^+ 浓度低时，没有沉淀产生，但溶液呈黄色或棕色	1. Fe^{3+}、Co^{2+}、Ni^{2+}、Ag^+、Cr^{3+} 等存在时，与试剂中的 NaOH 生成有色沉淀而干扰，必须预先除去； 2. 大量 S^{2-} 的存在，使 $[HgI_4]^{2-}$ 分解析出 HgS↓。大量 I^- 存在使反应向左进行，沉淀溶解
Mg^{2+}	1. 取 2 滴 Mg^{2+} 试液，加 2 滴 2 mol·L^{-1} NaOH 溶液，1 滴镁试剂（Ⅰ），沉淀呈天蓝色，示有 Mg^{2+}。对硝基苯偶氮苯二酚 俗称镁试剂（Ⅰ），在碱性环境下呈红色或红紫色，被 $Mg(OH)_2$ 吸附后则呈天蓝色	1. 反应必须在碱性溶液中进行，如 $[NH_4^+]$ 过大，由于它降低了 $[OH^-]$，因而妨碍 Mg^{2+} 的检出，故在鉴定前需加碱煮沸，以除去大量的 NH_4^+； 2. Ag^+、Hg_2^{2+}、Hg^{2+}、Cu^{2+}、Co^{2+}、Ni^{2+}、Mn^{2+}、Cr^{3+}、Fe^{3+} 及大量 Ca^{2+} 干扰反应，应预先除去
	2. 取 4 滴 Mg^{2+} 试液，加 2 滴 6 mol·L^{-1} 氨水，2 滴 2 mol·L^{-1} $(NH_4)_2HPO_4$ 溶液，摩擦试管内壁，生成白色晶形 $MgNH_4PO_4·6H_2O$ 沉淀，示有 Mg^{2+}：$$Mg^{2+} + HPO_4^{2-} + NH_3·H_2O + 5H_2O$$ $$= MgNH_4PO_4·6H_2O↓$$	1. 反应需在氨缓冲溶液中进行，要有高浓度的 PO_4^{3-} 和足够量的 NH_4^+； 2. 反应的选择性较差，除本组外，其他组很多离子都可能产生干扰
Ca^{2+}	1. 取 2 滴 Ca^{2+} 试液，滴加饱和 $(NH_4)_2C_2O_4$ 溶液，有白色的 CaC_2O_4 沉淀形成，示有 Ca^{2+}	1. 反应在 HAc 酸性、中性、碱性中进行； 2. Mg^{2+}、Sr^{2+}、Ba^{2+} 有干扰，但 MgC_2O_4 溶于醋酸，CaC_2O_4 不溶，Sr^{2+}、Ba^{2+} 在鉴定前应除去

阳离子	鉴定方法	条件与干扰
	2. 取 1～2 滴 Ca^{2+} 试液于一滤纸片上，加 1 滴 6 mol·L^{-1} NaOH，1 滴 GBHA。若有 Ca^{2+} 存在时，有红色斑点产生，加 2 滴 Na_2CO_3 溶液不褪，示有 Ca^{2+} 乙二醛双缩［2-羟基苯胺］简称 GBHA，与 Ca^{2+} 在 pH＝12～12.6 的溶液中生成红色螯合物沉淀： 	1. Ba^{2+}、Sr^{2+} 在相同条件下生成橙色、红色沉淀，但加入 Na_2CO_3 后，形成碳酸盐沉淀，螯合物颜色变浅，而钙的螯合物颜色基本不变； 2. Cu^{2+}、Cd^{2+}、Co^{2+}、Ni^{2+}、Mn^{2+}、UO_2^{2+} 等也与试剂生成有色螯合物而干扰，当用氯仿萃取时，只有 Cd^{2+} 的产物和 Ca^{2+} 的产物一起被萃取
Ba^{2+}	取 2 滴 Ba^{2+} 试液，加 1 滴 0.1 mol·L^{-1} K_2CrO_4 溶液，有 $BaCrO_4$ 黄色沉淀生成，示有 Ba^{2+}	在 HAc－NH_4Ac 缓冲溶液中进行反应
Al^{3+}	1. 取 1 滴 Al^{3+} 试液，加 2～3 滴水，加 2 滴 3 mol·L^{-1} NH_4Ac，2 滴铝试剂，搅拌，微热片刻，加 6 mol·L^{-1} 氨水至碱性，红色沉淀不消失，示有 Al^{3+}： 	1. 在 HAc－NH_4Ac 的缓冲溶液中进行； 2. Cr^{3+}、Fe^{3+}、Bi^{3+}、Cu^{2+}、Ca^{2+} 等离子在 HAc 缓冲溶液中也能与铝试剂生成红色化合物而干扰，但加入氨水碱化后，Cr^{3+}、Cu^{2+} 的化合物即分解，加入 $(NH_4)_2CO_3$，可使 Ca^{2+} 的化合物生成 $CaCO_3$ 而分解，Fe^{3+}、Bi^{3+}（包括 Cu^{2+}）可预先加 NaOH 形成沉淀而分离
	2. 取 1 滴 Al^{3+} 试液，加 1 mol·L^{-1} NaOH 溶液，使 Al^{3+} 以 AlO_2^- 的形式存在，加 1 滴茜素磺酸钠溶液（茜素 S），滴加 HAc，直至紫色刚刚消失，过量 1 滴则有红色沉淀生成，示有 Al^{3+}。或取 1 滴 Al^{3+} 试液于滤纸上，加 1 滴茜素磺酸钠，用浓氨水熏至出现桃红色斑，此时立即离开氨瓶。如氨熏时间长，则显茜素 S 的紫色，可在石棉网上，用手拿滤纸烤一下，则紫色褪去，现出红色： 	1. 茜素磺酸钠在氨性或碱性溶液中为紫色，在醋酸溶液中为黄色，在 pH＝5～5.5 介质中与 Al^{3+} 生成红色沉淀； 2. Fe^{3+}，Cr^{3+}，Mn^{2+} 及大量 Cu^{2+} 有干扰，用 $K_4[Fe(CN)_6]$ 在纸上分离，由于干扰离子沉淀为难溶亚铁氰酸盐留在斑点的中心，Al^{3+} 不被沉淀，扩散到水渍区，分离干扰离子后，于水渍区用茜素磺酸钠鉴定 Al^{3+}

阳离子	鉴定方法	条件与干扰
Cr^{3+}	1. 取 3 滴 Cr^{3+} 试液，加 6 $mol \cdot L^{-1}$ NaOH 溶液直到生成的沉淀溶解，搅动后加 4 滴 3% 的 H_2O_2，水浴加热，溶液颜色由绿变黄，继续加热直至剩余的 H_2O_2 分解完，冷却，加 6 $mol \cdot L^{-1}$ HAc 酸化，加 2 滴 0.1 $mol \cdot L^{-1}$ Pb（NO_3）$_2$ 溶液，生成黄色 $PbCrO_4$ 沉淀，示有 Cr^{3+}： $Cr^{3+}+4OH^-=CrO_2^-+2H_2O$ $2CrO_2^-+3H_2O_2+2OH^-=2CrO_4^{2-}+4H_2O$ $Pb^{2+}+CrO_4^{2-}=PbCrO_4 \downarrow$	1. 在强碱性介质中，H_2O_2 将 Cr^{3+} 氧化为 CrO_4^{2-} 2. 形成 $PbCrO_4$ 的反应必须在弱酸性（HAc）溶液中进行
	2. 按 1 法将 Cr^{3+} 氧化成 CrO_4^{2-}，用 2 $mol \cdot L^{-1}$ H_2SO_4 酸化溶液至 pH=2~3，加入 0.5 mL 戊醇、0.5 mL 3% H_2O_2，振荡，有机层显蓝色，示有 Cr^{3+}： $Cr_2O_7^{2-}+4H_2O_2+2H^+=2H_2CrO_6+3H_2O$	1. pH<1，蓝色的 H_2CrO_6 分解； 2. H_2CrO_6 在水中不稳定，故用戊醇萃取，并在冷溶液中进行，其他离子无干扰
Fe^{3+}	1. 取 1 滴 Fe^{3+} 试液放在白滴板上，加 1 滴 $K_4[Fe(CN)_6]$ 溶液，生成蓝色沉淀，示有 Fe^{3+}	1. $K_4[Fe(CN)_6]$ 不溶于强酸，但被强碱分解生成氢氧化物，故反应在酸性溶液中进行； 2. 其他阳离子与试剂生成的有色化合物的颜色不及 Fe^{3+} 的鲜明，故可在其他离子存在时鉴定 Fe^{3+}，如大量存在 Cu^{2+}、Co^{2+}、Ni^{2+} 等离子，也有干扰，分离后再作鉴定
	2. 取 1 滴 Fe^{3+} 试液，加 1 滴 0.5 $mol \cdot L^{-1}$ NH_4SCN 溶液，形成红色溶液示有 Fe^{3+}	1. 在酸性溶液中进行，但不能用 HNO_3； 2. F^-、H_3PO_4、$H_2C_2O_4$、酒石酸、柠檬酸以及含有 α 或 β 羟基的有机酸都能与 Fe^{3+} 形成稳定的配合物而干扰。溶液中若有大量汞盐，由于形成 $[Hg(SCN)_4]^{2-}$ 而干扰，钴、镍、铬和铜盐因离子有色，或因与 SCN^- 的反应产物的颜色而降低检出 Fe^{3+} 的灵敏度。
Fe^{2+}	1. 取 1 滴 Fe^{2+} 试液在白滴板上，加 1 滴 $K_3[Fe(CN)_6]$ 溶液，出现蓝色沉淀，示有 Fe^{2+}	1. 本法灵敏度、选择性都很高，仅在大量重金属离子存在而 $[Fe^{2+}]$ 很低时，现象不明显； 2. 反应在酸性溶液中进行
	2. 取 1 滴 Fe^{2+} 试液，加几滴 2.5 $g \cdot L^{-1}$ 的邻菲罗啉溶液，生成桔红色的溶液，示有 Fe^{2+} 	1. 中性或微酸性溶液中进行； 2. Fe^{3+} 微橙黄色，不干扰，但在 Fe^{3+}、Co^{2+} 同时存在时不适用。10 倍量的 Cu^{2+}、40 倍量的 Co^{2+}、140 倍量的 $C_2O_4^{2-}$、6 倍量的 CN^- 干扰反应； 3. 此法比 1 法选择性高； 4. 如用 1 滴 $NaHSO_3$ 先将 Fe^{3+} 还原，即可用此法检出 Fe^{3+}

阳离子	鉴定方法	条件与干扰
Mn^{2+}	取 1 滴 Mn^{2+} 试液，加 10 滴水，5 滴 2 mol·L^{-1} HNO_3 溶液，然后加固体 $NaBiO_3$，搅拌，水浴加热，形成紫色溶液，示有 Mn^{2+}	1. 在 HNO_3 或 H_2SO_4 酸性溶液中进行； 2. 本组其他离子无干扰； 3. 还原剂（Cl^-、Br^-、I^-、H_2O_2 等）有干扰
Zn^{2+}	1. 取 2 滴 Zn^{2+} 试液，用 2 mol·L^{-1} HAc 酸化，加等体积 $(NH_4)_2Hg(SCN)_4$ 溶液，摩擦器壁，生成白色沉淀，示有 Zn^{2+}： $Zn^{2+} + Hg(SCN)_4^{2-} = ZnHg(SCN)_4 \downarrow$ 或在极稀的 $CuSO_4$ 溶液（<0.2 g·L^{-1}）中，加 $(NH_4)_2Hg(SCN)_4$ 溶液，加 Zn^{2+} 试液，摩擦器壁，若迅速得到紫色混晶，示有 Zn^{2+} 也可用极稀的 $CoCl_2$（<0.2 g·L^{-1}）溶液代替 Cu^{2+} 溶液，则得蓝色混晶	1. 在中性或微酸性溶液中进行； 2. Cu^{2+} 形成 $CuHg(SCN)_4$ 黄绿色沉淀，少量 Cu^{2+} 存在时，形成铜锌紫色混晶更有利于观察； 3. 少量 Co^{2+} 存在时，形成钴锌蓝色混晶，有利于观察； 4. Cu^{2+}、Co^{2+} 含量大时有干扰，Fe^{3+} 有干扰
	2. 取 2 滴 Zn^{2+} 试液，调节溶液的 pH=10，加 4 滴 TAA，加热，生成白色沉淀，沉淀不溶于 HAc，溶于 HCl，示有 Zn^{2+}	铜锡组、银组离子应预先分离，本组其他离子也需分离
Co^{2+}	1. 取 1~2 滴 Co^{2+} 试液，加饱和 NH_4SCN 溶液，加 5~6 滴戊醇溶液，振荡，静置，有机层呈蓝绿色，示有 Co^{2+}	1. 配合物在水中解离度大，故用浓 NH_4SCN 溶液，并用有机溶剂萃取，增加它的稳定性； 2. Fe^{3+} 有干扰，加 NaF 掩蔽。大量 Cu^{2+} 也干扰。大量 Ni^{2+} 存在时溶液呈浅蓝色，干扰反应
	2. 取 1 滴 Co^{2+} 试液在白滴板上，加 1 滴钴试剂，有红褐色沉淀生成，示有 Co^{2+}。钴试剂为 1－亚硝基－2－萘酚，有互变异构体，与 Co^{2+} 形成螯合物，Co^{2+} 转变为 Co^{3+} 是由于试剂本身起着氧化剂的作用，也可能发生空气氧化。	1. 中性或弱酸性溶液中进行，沉淀不溶于强酸； 2. 试剂须新鲜配制； 3. Fe^{3+} 与试剂生成棕黑色沉淀，溶于强酸，它的干扰也可加 Na_2HPO_4 掩蔽，Cu^{2+}、Hg^{2+} 及其他金属有属干扰。
Ni^{2+}	取 1 滴 Ni^{2+} 试液放在白滴板上，加 1 滴 6 mol·L^{-1} 氨水，加 1 滴丁二酮肟，稍等片刻，在凹槽四周形成红色沉淀，示有 Ni^{2+} 	1. 在氨性溶液中进行，但氨不宜太多。沉淀溶于酸、强碱，故合适的酸度 pH=5~10； 2. Fe^{2+}、Pd^{2+}、Cu^{2+}、Co^{2+}、Fe^{3+}、Cr^{3+}、Mn^{2+} 等干扰，可事先把 Fe^{2+} 氧化成 Fe^{3+}，加柠檬酸或酒石酸掩蔽 Fe^{3+} 和其他离子

阳离子	鉴定方法	条件与干扰
Cu^{2+}	1. 取 1 滴 Cu^{2+} 试液，加 1 滴 6 mol·L^{-1} HAc 酸化，加 1 滴 $K_4[Fe(CN)_6]$ 溶液，红棕色沉淀出现，示有 Cu^{2+} $2Cu^{2+} + [Fe(CN)_6]^{4-} = Cu_2[Fe(CN)_6]\downarrow$ 2. 取 2 滴 Cu^{2+} 试液，加吡啶（C_5H_5N）使溶液显碱性，首先生成 $Cu(OH)_2$ 沉淀，后溶解得 $[Cu(C_5H_5N)_2]^{2+}$ 的深蓝色溶液，加几滴 0.1 mol·L^{-1} NH_4SCN 溶液，生成绿色沉淀，加 0.5 mL 氯仿，振荡，得绿色溶液，示有 Cu^{2+}： $Cu^{2+} + 2SCN^- + 2C_5H_5N$ $= [Cu(C_5H_5N)_2(SCN)_2]\downarrow$	1. 在中性或弱酸性溶液中进行。如试液为强酸性，则用 3 mol·L^{-1} NaAc 调至弱酸性后进行。沉淀不溶于稀酸，溶于氨水，生成 $Cu(NH_3)_4^{2+}$，与强碱生成$Cu(OH)_2$； 2. Fe^{3+} 以及大量的 Co^{2+}、Ni^{2+} 会干扰
Pb^{2+}	取 2 滴 Pb^{2+} 试液，加 2 滴 0.1 mol·L^{-1} K_2CrO_4 溶液，生成黄色沉淀，示有 Pb^{2+}	1. 在 HAc 溶液中进行，沉淀溶于强酸，溶于碱则生成 PbO_2^{2-}； 2. Ba^{2+}、Bi^{3+}、Hg^{2+}、Ag^+ 等干扰
Hg^{2+}	1. 取 1 滴 Hg^{2+} 试液，加 1 mol·L^{-1} KI 溶液，使生成沉淀后又溶解，加 2 滴 KI-Na_2SO_3 溶液，2～3 滴 Cu^{2+} 溶液，生成桔黄色沉淀，示有 Hg^{2+}： $Hg^{2+} + 4I^- = HgI_4^{2-}$ $2Cu^{2+} + 4I^- = 2CuI\downarrow + I_2$ $2CuI + HgI_4^{2-} = Cu_2HgI_4 + 2I^-$ 反应生成的 I_2 由 Na_2SO_3 除去	1. Pd^{2+} 因有下面的反应而干扰：$2CuI + Pd^{2+} = PdI_2 + 2Cu^+$ 产生的 PdI_2 使 CuI 变黑； 2. CuI 是还原剂，须考虑到氧化剂的干扰（Ag^+、Hg_2^{2+}、Au^{3+}、Pt^{IV}、Fe^{3+}、Ce^{IV} 等）。钼酸盐和钨酸盐与 CuI 反应生成低氧化物（钼蓝、钨蓝）而干扰
	2. 取 2 滴 Hg^{2+} 试液，滴加 0.5 mol·L^{-1} $SnCl_2$ 溶液，出现白色沉淀，继续加过量 $SnCl_2$，不断搅拌，放置 2～3 min，出现灰色沉淀，示有 Hg^{2+}	1. 凡与 Cl^- 能形成沉淀的阳离子应先除去； 2. 能与 $SnCl_2$ 起反应的氧化剂应先除去； 3. 这一反应同样适用于 Sn^{2+} 的鉴定
Sn^{4+} Sn^{2+}	1. 取 2～3 滴 Sn^{4+} 试液，加镁片 2～3 片，不断搅拌，待反应完全后加 2 滴 6 mol·L^{-1} HCl，微热，此时 Sn^{4+} 还原为 Sn^{2+}，鉴定按 2 进行； 2. 取 2 滴 Sn^{2+} 试液，加 1 滴 0.1 mol·L^{-1} $HgCl_2$ 溶液，生成白色沉淀，示有 Sn^{2+}	反应的特效性较好
Ag^+	取 2 滴 Ag^+ 试液，加 2 滴 2 mol·L^{-1} HCl，搅动，水浴加热，离心分离。在沉淀上加 4 滴 6 mol·L^{-1} 氨水，微热，沉淀溶解，再加 6 mol·L^{-1} HNO_3 酸化，白色沉淀重又出现，示有 Ag^+	

• 阴离子的鉴定：

阴离子	鉴定方法鉴定方法	条件与干扰
SO_4^{2-}	试液用 6 mol·L^{-1} HCl 酸化，加 2 滴 0.5 mol·L^{-1} $BaCl_2$ 溶液，白色沉淀析出，示有 SO_4^{2-}	
SO_3^{2-}	1. 取 1 滴 $ZnSO_4$ 饱和溶液，加 1 滴 $K_4[Fe(CN)_6]$ 于白滴板中，即有白色 $Zn_2[Fe(CN)_6]$ 沉淀产生，继续加入 1 滴 $Na_2[Fe(CN)_5NO]$，1 滴 SO_3^{2-} 试液（中性），则白色沉淀转化为红色 $Zn_2[Fe(CN)_5NOSO_3]$ 沉淀，示有 SO_3^{2-}	1. 酸能使沉淀消失，故酸性溶液必须以氨水中和； 2. S^{2-} 有干扰，必须除去
	2. 在验气装置中进行，取 2～3 滴 SO_3^{2-} 试液，加 3 滴 3 mol·L^{-1} H_2SO_4 溶液，将放出的气体通入 0.1 mol·L^{-1} $KMnO_4$ 的酸性溶液中，溶液褪色，示有 SO_3^{2-}	$S_2O_3^{2-}$、S^{2-} 有干扰
$S_2O_3^{2-}$	1. 取 2 滴试液，加 2 滴 2 mol·L^{-1} HCl 溶液，加热，白色浑浊出现，示有 $S_2O_3^{2-}$	
	2. 取 3 滴 $S_2O_3^{2-}$ 试液，加 3 滴 0.1 mol·L^{-1} $AgNO_3$ 溶液，摇动，白色沉淀迅速变黄、变棕、变黑，示有 $S_2O_3^{2-}$：$2Ag^+ + S_2O_3^{2-} = Ag_2S_2O_3 \downarrow$ $Ag_2S_2O_3 + H_2O = H_2SO_4 + Ag_2S \downarrow$	1. S^{2-} 干扰； 2. $Ag_2S_2O_3$ 溶于过量的硫代硫酸盐中
S^{2-}	1. 取 3 滴 S^{2-} 试液，加稀 H_2SO_4 酸化，用 $Pb(Ac)_2$ 试纸检验放出的气体，试纸变黑，示有 S^{2-}	
	2. 取 1 滴 S^{2-} 试液，放白滴板上，加 1 滴 $Na_2[Fe(CN)_5NO]$ 试剂，溶液变紫色 $Na_4[Fe(CN)_5NOS]$，示有 S^{2-}	在酸性溶液中，$S^{2-} \rightarrow HS^-$ 而不产生颜色，加碱则颜色出现
CO_3^{2-}	如图装配仪器，调节抽水泵，使气泡能一个一个进入 NaOH 溶液（每秒钟 2～3 个气泡）。分开乙管上与水泵连接的橡皮管，取 5 滴 CO_3^{2-} 试液、10 滴水放在甲管，并加入 1 滴 3% H_2O_2 溶液，1 滴 3 mol·L^{-1} H_2SO_4。乙管中装入约 1/4 $Ba(OH)_2$ 饱和溶液，迅速把塞子塞紧，把乙管与抽水泵连接起来，使甲管中产生的 CO_2 随空气通入乙管与 $Ba(OH)_2$ 作用，如 $Ba(OH)_2$ 溶液浑浊，示有 CO_3^{2-} 验气装置 1—NaOH 溶液；2—试液；3—$Ba(OH)_2$ 溶液	1. 当过量的 CO_2 存在时，$BaCO_3$ 沉淀可能转化为可溶性的酸式碳酸盐； 2. $Ba(OH)_2$ 极易吸收空气中的 CO_2 而变浑浊，故须用澄清溶液，迅速操作，得到较浓厚的沉淀方可判断 CO_3^{2-} 存在，初学者可作空白试验对照； 3. SO_3^{2-}、$S_2O_3^{2-}$ 妨碍鉴定，可预先加入 H_2O_2 或 $KMnO_4$ 等氧化剂，使 SO_3^{2-}、$S_2O_3^{2-}$ 氧化成 SO_4^{2-}，再作鉴定

阳离子	鉴定方法	条件与干扰
PO_4^{3-}	1. 取 3 滴 PO_4^{3-} 试液，加氨水至呈碱性，加入过量镁铵试剂，如果没有立即生成沉淀，用玻璃棒摩擦器壁，放置片刻，析出白色晶状沉淀 $MgNH_4PO_4$，示有 PO_4^{3-}	1. 在 $NH_3 \cdot H_2O-NH_4Cl$ 缓冲溶液中进行，沉淀能溶于酸，但碱性太强可能生成 $Mg(OH)_2$ 沉淀； 2. AsO_4^{3-} 生成相似的沉淀（$MgNH_4AsO_4$），浓度不太大时不生成
	2. 取 2 滴 PO_4^{3-} 试液，加入 $8\sim10$ 滴钼酸铵试剂，用玻璃棒摩擦器壁，黄色磷钼酸铵生成，示有 PO_4^{3-} $PO_4^{3-}+3NH_4^++12MoO_4^{2-}+24H^+ = (NH_4)_3PO_4 \cdot 12MoO_3 \cdot 6H_2O\downarrow +6H_2O$	1. 沉淀溶于过量磷酸盐生成配阴离子，需加入大量过量试剂，沉淀溶于碱及氨水中； 2. 还原剂的存在使 $Mo(Ⅵ)$ 还原成"钼蓝"而使溶液呈深蓝色。大量 Cl^- 存在会降低灵敏度，可先将试液与浓 HNO_3 一起蒸发。除去过量 Cl^- 和还原剂； 3. AsO_4^{3-} 有类似的反应。SiO_3^{2-} 也与试剂形成黄色的硅钼酸，加酒石酸可消除干扰； 4. 与 $P_2O_7^{4-}$、PO_3^- 的冷溶液无反应，煮沸时由于 PO_4^{3-} 的生成而生成黄色沉淀
Cl^-	取 2 滴 Cl^- 试液，加 6 mol·L^{-1} HNO_3 酸化，加 0.1 mol·L^{-1} $AgNO_3$ 至沉淀完全，离心分离。在沉淀上加 $5\sim8$ 滴银氨溶液，搅动，加热，沉淀溶解，再加 6 mol·L^{-1} HNO_3 酸化，白色沉淀重又出现，示有 Cl^-	
Br^-	取 2 滴 Br^- 试液，加入数滴 CCl_4，滴入氯水，振荡，有机层显红棕色或金黄色，示有 Br^-	如氯水过量，生成 $BrCl$，使有机层显淡黄色
I^-	1. 取 2 滴 I^- 试液，加入数滴 CCl_4，滴加氯水，振荡，有机层显紫色，示有 I^-； 2. 在 I^- 试液中，加 HAc 酸化，加 0.1 mol·L^{-1} $NaNO_2$ 溶液和 CCl_4，振荡，有机层显紫色，示有 I^-	1. 在弱碱性、中性或酸性溶液中，氯水将 $I^-\rightarrow I_2$； 2. 过量氯水将 $I_2\rightarrow IO_3^-$，有机层紫色褪去； 3. Cl^-、Br^- 对反应不干扰
NO_2^-	1. 取 1 滴 NO_2^- 试液，加 6 mol·L^{-1} HAc 酸化，加 1 滴对氨基苯磺酸，1 滴 α—萘胺，溶液显红紫色，示有 NO_2^- $HNO_2 + \text{〈〉}-NH_2 + H_2N-\text{〈〉}-SO_3H$ $\longrightarrow H_2N-\text{〈〉}-N=N-\text{〈〉}-SO_3H$	1. 反应的灵敏度高，选择性好； 2. NO_2^- 浓度大时，红紫色很快褪去，生成褐色沉淀或黄色溶液
	2. 同 I^- 的鉴定方法 2。试液用醋酸酸化，加 0.1 mol·L^{-1} KI 和 CCl_4 振荡，有机层显红紫色，示有 NO_2^-	

阳离子	鉴定方法	条件与干扰
NO_3^-	1. 当 NO_2^- 不存在时，取 3 滴 NO_3^- 试液，用 $6\ mol \cdot L^{-1}$ HAc 酸化，再加 2 滴，加少许镁片搅动，NO_3^- 被还原为 NO_2^-，取 2 滴上层溶液，照 NO_2^- 的鉴定方法进行鉴定	
	2. 当 NO_2^- 存在时，在 $12\ mol \cdot L^{-1}\ H_2SO_4$ 溶液中加入 α—萘胺，生成淡红紫色化合物，示有 NO_3^-	
	3. 棕色环的形成：在小试管中滴加 10 滴饱和 Fe-SO_4 溶液，5 滴 NO_3^- 试液，然后斜持试管，沿着管壁慢慢滴加浓 H_2SO_4，由于浓 H_2SO_4 密度比水大，沉到试管下面形成两层，在两层液体接触处（界面）有一棕色环（配合物 $Fe(NO)SO_4$ 的颜色），示有 NO_3^-：$3Fe^{2+} + NO_3^- + 4H^+ = 3Fe^{3+} + NO + H_2O$ $Fe^{2+} + NO + SO_4^{2-} = Fe(NO)SO_4$	NO_2^-、Br^-、I^-、CrO_4^{2-} 有干扰，Br^-、I^- 可用 AgAc 除去，CrO_4^{2-} 用 $Ba(Ac)_2$ 除去，NO_2^- 用尿素除去：$2NO_2^- + CO(NH_2)_2 + 2H^+ = CO_2 \uparrow + 2N_2 \uparrow + 3H_2O$

附录 2　难溶化合物的溶度积常数

分子式	K_{sp}	$pK_{sp}(-\lg K_{sp})$	分子式	K_{sp}	$pK_{sp}(-\lg K_{sp})$
Ag_3AsO_4	1.0×10^{-22}	22.0	Hg_2Cl_2	1.3×10^{-18}	17.88
$AgBr$	5.0×10^{-13}	12.3	HgC_2O_4	1.0×10^{-7}	7.0
$AgBrO_3$	5.50×10^{-5}	4.26	Hg_2CO_3	8.9×10^{-17}	16.05
$AgCl$	1.8×10^{-10}	9.75	$Hg_2(CN)_2$	5.0×10^{-40}	39.3
$AgCN$	1.2×10^{-16}	15.92	Hg_2CrO_4	2.0×10^{-9}	8.70
Ag_2CO_3	8.1×10^{-12}	11.09	Hg_2I_2	4.5×10^{-29}	28.35
$Ag_2C_2O_4$	3.5×10^{-11}	10.46	HgI_2	2.82×10^{-29}	28.55
$Ag_2Cr_2O_4$	1.2×10^{-12}	11.92	$Hg_2(IO_3)_2$	2.0×10^{-14}	13.71
$Ag_2Cr_2O_7$	2.0×10^{-7}	6.70	$Hg_2(OH)_2$	2.0×10^{-24}	23.7
AgI	8.3×10^{-17}	16.08	$HgSe$	1.0×10^{-59}	59.0
$AgIO_3$	3.1×10^{-8}	7.51	$HgS(红)$	4.0×10^{-53}	52.4
$AgOH$	2.0×10^{-8}	7.71	$HgS(黑)$	1.6×10^{-52}	51.8
Ag_2MoO_4	2.8×10^{-12}	11.55	Hg_2WO_4	1.1×10^{-17}	16.96
Ag_3PO_4	1.4×10^{-16}	15.84	$Ho(OH)_3$	5.0×10^{-23}	22.30
Ag_2S	6.3×10^{-50}	49.2	$In(OH)_3$	1.3×10^{-37}	36.9
$AgSCN$	1.0×10^{-12}	12.00	$InPO_4$	2.3×10^{-22}	21.63
Ag_2SO_3	1.5×10^{-14}	13.82	In_2S_3	5.7×10^{-74}	73.24
Ag_2SO_4	1.4×10^{-5}	4.84	$La_2(CO_3)_3$	3.98×10^{-34}	33.4
Ag_2Se	2.0×10^{-64}	63.7	$LaPO_4$	3.98×10^{-23}	22.43
Ag_2SeO_3	1.0×10^{-15}	15.00	$Lu(OH)_3$	1.9×10^{-24}	23.72
Ag_2SeO_4	5.7×10^{-8}	7.25	$Mg_3(AsO_4)_2$	2.1×10^{-20}	19.68
$AgVO_3$	5.0×10^{-7}	6.3	$MgCO_3$	3.5×10^{-8}	7.46
Ag_2WO_4	5.5×10^{-12}	11.26	$MgCO_3 \cdot 3H_2O$	2.14×10^{-5}	4.67
$Al(OH)_3$①	4.57×10^{-33}	32.34	$Mg(OH)_2$	1.8×10^{-11}	10.74
$AlPO_4$	6.3×10^{-19}	18.24	$Mg_3(PO_4)_2 \cdot 8H_2O$	6.31×10^{-26}	25.2
Al_2S_3	2.0×10^{-7}	6.7	$Mn_3(AsO_4)_2$	1.9×10^{-29}	28.72
$Au(OH)_3$	5.5×10^{-46}	45.26	$MnCO_3$	1.8×10^{-11}	10.74
$AuCl_3$	3.2×10^{-25}	24.5	$Mn(IO_3)_2$	4.37×10^{-7}	6.36
AuI_3	1.0×10^{-46}	46.0	$Mn(OH)_4$	1.9×10^{-13}	12.72
$Ba_3(AsO_4)_2$	8.0×10^{-51}	50.1	$MnS(粉红)$	2.5×10^{-10}	9.6
$BaCO_3$	5.1×10^{-9}	8.29	Ⅱ$MnS(绿)$	2.5×10^{-13}	12.6
BaC_2O_4	1.6×10^{-7}	6.79	$Ni_3(AsO_4)_2$	3.1×10^{-26}	25.51
$BaCrO_4$	1.2×10^{-10}	9.93	$NiCO_3$	6.6×10^{-9}	8.18
$Ba_3(PO_4)_2$	3.4×10^{-23}	22.44	NiC_2O_4	4.0×10^{-10}	9.4
$BaSO_4$	1.1×10^{-10}	9.96	$Ni(OH)_2(新)$	2.0×10^{-15}	14.7
BaS_2O_3	1.6×10^{-5}	4.79	$Ni_3(PO_4)_2$	5.0×10^{-31}	30.3

分子式	K_{sp}	$pK_{sp}(-\lg K_{sp})$	分子式	K_{sp}	$pK_{sp}(-\lg K_{sp})$
$BaScO_3$	2.7×10^{-7}	6.57	$\alpha-NiS$	3.2×10^{-19}	18.5
$BaSeO_4$	3.5×10^{-8}	7.46	$\beta-NiS$	1.0×10^{-24}	24.0
$Be(OH)_2$	1.6×10^{-22}	21.8	$\gamma-NiS$	2.0×10^{-26}	25.7
$BiAsO_4$	4.4×10^{-10}	9.36	$Pb_3(AsO_4)_2$	4.0×10^{-36}	35.39
$Bi_2(C_2O_4)_3$	3.98×10^{-36}	35.4	$PbBr_2$	4.0×10^{-5}	4.41
$Bi(OH)_3$	4.0×10^{-31}	30.4	$PbCl_2$	1.6×10^{-5}	4.79
$BiPO_4$	1.26×10^{-23}	22.9	PbI_2	9.8×10^{-9}	8.01
$CaCO_3$	2.8×10^{-9}	8.54	$PbCO_3$	7.4×10^{-14}	13.13
$CaC_2O_4 \cdot H_2O$	4.0×10^{-9}	8.4	$PbCrO_4$	2.8×10^{-13}	12.55
CaF_2	2.7×10^{-11}	10.57	PbF_2	2.7×10^{-8}	7.57
$CaMoO_4$	4.17×10^{-8}	7.38	$PbMoO_4$	1.0×10^{-13}	13.0
$Ca(OH)_2$	5.5×10^{-6}	5.26	$Pb(OH)_2$	1.2×10^{-15}	14.93
$Ca_3(PO_4)_2$	2.0×10^{-29}	28.70	$Pb(OH)_4$	3.2×10^{-66}	65.49
$CaSO_4$	3.16×10^{-7}	5.04	$Pb_3(PO_4)_3$	8.0×10^{-43}	42.10
$CaSiO_3$	2.5×10^{-8}	7.60	PbS	1.0×10^{-28}	28.00
$CaWO_4$	8.7×10^{-9}	8.06	$PbSO_4$	1.6×10^{-8}	7.79
$CdCO_3$	5.2×10^{-12}	11.28	$PbSe$	7.94×10^{-43}	42.1
$CdC_2O_4 \cdot 3H_2O$	9.1×10^{-8}	7.04	$PbSeO_4$	1.4×10^{-7}	6.84
$Cd_3(PO_4)_2$	2.5×10^{-33}	32.6	$Pd(OH)_2$	1.0×10^{-31}	31.0
CdS	8.0×10^{-27}	26.1	$Pd(OH)_4$	6.3×10^{-71}	70.2
$CdSe$	6.31×10^{-36}	35.2	PdS	2.03×10^{-58}	57.69
$CdSeO_3$	1.3×10^{-9}	8.89	$Pm(OH)_3$	1.0×10^{-21}	21.0
CeF_3	8.0×10^{-16}	15.1	$Pr(OH)_3$	6.8×10^{-22}	21.17
$CePO_4$	1.0×10^{-23}	23.0	$Pt(OH)_2$	1.0×10^{-35}	35.0
$CO_3(AsO_4)_2$	7.6×10^{-29}	28.12	$Pu(OH)_3$	2.0×10^{-20}	19.7
$CoCO_3$	1.4×10^{-13}	12.84	$Pu(OH)_4$	1.0×10^{-55}	55.0
CoC_2O_4	6.3×10^{-8}	7.2	$RaSO_4$	4.2×10^{-11}	10.37
$Co(OH)_2$（蓝）	6.31×10^{-15}	14.2	$Rh(OH)_3$	1.0×10^{-23}	23.0
			$Ru(OH)_3$	1.0×10^{-36}	36.0
			Sb_2S_3	1.5×10^{-93}	92.8
			ScF_3	4.2×10^{-18}	17.37
$Co(OH)_2$（粉红,新沉淀）	1.58×10^{-15}	14.8	$Sc(OH)_3$	8.0×10^{-31}	30.1
			$Sm(OH)_3$	8.2×10^{-23}	22.08
			$Sn(OH)_2$	1.4×10^{-28}	27.85
			$Sn(OH)_4$	1.0×10^{-56}	56.0
$Co(OH)_2$（粉红,陈化）	2.00×10^{-16}	15.7	SNO_2	3.98×10^{-65}	64.4
			SnS	1.0×10^{-25}	25.0
			$SnSe$	3.98×10^{-39}	38.4
$CoHPO_4$	2.0×10^{-7}	6.7	$Sr_3(AsO_4)_2$	8.1×10^{-19}	18.09
$CO_3(PO_4)_3$	2.0×10^{-35}	34.7	$SrCO_3$	1.1×10^{-10}	9.96

分子式	K_{sp}	$pK_{sp}(-\lg K_{sp})$	分子式	K_{sp}	$pK_{sp}(-\lg K_{sp})$
$CrAsO_4$	7.7×10^{-21}	20.11	$SrC_2O_4 \cdot H_2O$	1.6×10^{-7}	6.80
$Cr(OH)_3$	6.3×10^{-31}	30.2	SrF_2	2.5×10^{-9}	8.61
$CrPO_4 \cdot 4H_2O(绿)$	2.4×10^{-23}	22.62	$Sr_3(PO_4)_2$	4.0×10^{-28}	27.39
$CrPO_4 \cdot 4H_2O(紫)$	1.0×10^{-17}	17.0	$SrSO_4$	3.2×10^{-7}	6.49
$CuBr$	5.3×10^{-9}	8.28	$SrWO_4$	1.7×10^{-10}	9.77
$CuCl$	1.2×10^{-6}	5.92	$Tb(OH)_3$	2.0×10^{-22}	21.7
$CuCN$	3.2×10^{-20}	19.49	$Te(OH)_4$	3.0×10^{-54}	53.52
$CuCO_3$	2.34×10^{-10}	9.63	$Th(C_2O_4)_2$	1.0×10^{-22}	22.0
CuI	1.1×10^{-12}	11.96	$Th(IO_3)_4$	2.5×10^{-15}	14.6
$Cu(OH)_2$	4.8×10^{-20}	19.32	$Th(OH)_4$	4.0×10^{-45}	44.4
$Cu_3(PO_4)_2$	1.3×10^{-37}	36.9	$Ti(OH)_3$	1.0×10^{-40}	40.0
Cu_2S	2.5×10^{-48}	47.6	$TlBr$	3.4×10^{-6}	5.47
Cu_2Se	1.58×10^{-61}	60.8	$TlCl$	1.7×10^{-4}	3.76
CuS	6.3×10^{-36}	35.2	Tl_2CrO_4	9.77×10^{-13}	12.01
$CuSe$	7.94×10^{-49}	48.1	TlI	6.5×10^{-8}	7.19
$Dy(OH)_3$	1.4×10^{-22}	21.85	TlN_3	2.2×10^{-4}	3.66
$Er(OH)_3$	4.1×10^{-24}	23.39	Tl_2S	5.0×10^{-21}	20.3
$Eu(OH)_3$	8.9×10^{-24}	23.05	$TlSeO_3$	2.0×10^{-39}	38.7
$FeAsO_4$	5.7×10^{-21}	20.24	$UO_2(OH)_2$	1.1×10^{-22}	21.95
$FeCO_3$	3.2×10^{-11}	10.50	$VO(OH)_2$	5.9×10^{-23}	22.13
$Fe(OH)_2$	8.0×10^{-16}	15.1	$Y(OH)_3$	8.0×10^{-23}	22.1
$Fe(OH)_3$	4.0×10^{-38}	37.4	$Yb(OH)_3$	3.0×10^{-24}	23.52
$FePO_4$	1.3×10^{-22}	21.89	$Zn_3(AsO_4)_2$	1.3×10^{-28}	27.89
FeS	6.3×10^{-18}	17.2	$ZnCO_3$	1.4×10^{-11}	10.84
$Ga(OH)_3$	7.0×10^{-36}	35.15	$Zn(OH)_2$[②]	2.09×10^{-16}	15.68
$GaPO_4$	1.0×10^{-21}	21.0	$Zn_3(PO_4)_2$	9.0×10^{-33}	32.04
$Gd(OH)_3$	1.8×10^{-23}	22.74	$\alpha-ZnS$	1.6×10^{-24}	23.8
$Hf(OH)_4$	4.0×10^{-26}	25.4	$\beta-ZnS$	2.5×10^{-22}	21.6
Hg_2Br_2	5.6×10^{-23}	22.24	$ZrO(OH)_2$	6.3×10^{-49}	48.2

①②:形态均为无定形。

附录 3　弱酸、弱碱在水中的标准离解常数（25 ℃、$I=0$）

弱酸	分子式	K_a^θ	pK_a^θ
砷酸	H_3AsO_4	6.3×10^{-3} (K_{a1}^θ) 1.0×10^{-7} (K_{a2}^θ) 3.2×10^{-12} (K_{a3}^θ)	2.20 7.00 11.50
亚砷酸	$HASO_2$	6.0×10^{-10}	9.22
硼酸	H_3BO_3	5.8×10^{-10}	9.24
焦硼酸	$H_2B_4O_7$	1.0×10^{-4} (K_{a1}^θ) 1.0×10^{-9} (K_{a2}^θ)	4 9
碳酸	H_2CO_3 (CO_2+H_2O)	4.2×10^{-7} (K_{a1}^θ) 5.6×10^{-11} (K_{a2}^θ)	6.38 10.25
氢氰酸	HCN	6.2×10^{-10}	9.21
铬酸	H_2CrO_4	1.8×10^{-1} (K_{a1}^θ) 3.2×10^{-7} (K_{a2}^θ)	0.74 6.50
氢氟酸	HF	6.6×10^{-4}	3.18
亚硝酸	HNO_2	5.1×10^{-4}	3.29
过氧化氢	H_2O_2	1.8×10^{-12}	11.75
磷酸	H_3PO_4	7.6×10^{-3} ($>K_{a1}^\theta$) 6.3×10^{-3} (K_{a2}^θ) 4.4×10^{-13} (K_{a3}^θ)	2.12 7.2 12.36
焦磷酸	$H_4P_2O_7$	3.0×10^{-2} (K_{a1}^θ) 4.4×10^{-3} (K_{a2}^θ) 2.5×10^{-7} (K_{a3}^θ) 5.6×10^{-10} (K_{a4}^θ)	1.52 2.36 6.60 9.25
亚磷酸	H_3PO_3	5.0×10^{-2} (K_{a1}^θ) 2.5×10^{-7} (K_{a2}^θ)	1.30 6.60
氢硫酸	H_2S	1.3×10^{-7} (K_{a1}^θ) 7.1×10^{-15} (K_{a2}^θ)	6.88 14.15
硫酸	HSO_4^-	1.0×10^{-2} (K_{a1}^θ)	1.99
亚硫酸	H_3SO_3 (SO_2+H_2O)	1.3×10^{-2} (K_{a1}^θ) 6.3×10^{-8} (K_{a2}^θ)	1.90 7.20
偏硅酸	H_2SiO_3	1.7×10^{-10} (K_{a1}^θ) 1.6×10^{-12} (K_{a2}^θ)	9.77 11.8
甲酸	$HCOOH$	1.8×10^{-4}	3.74
乙酸	CH_3COOH	1.8×10^{-5}	4.74
一氯乙酸	$CH_2ClCOOH$	1.4×10^{-3}	2.86
二氯乙酸	$CHCl_2COOH$	5.0×10^{-2}	1.30
三氯乙酸	CCl_3COOH	0.23	0.64

弱酸	分子式	K_a^θ	pK_a^θ
氨基乙酸盐	$^+NH_3CH_2COOH^-$ $^+NH_3CH_2COO^-$	$4.5\times10^{-3}(K_{a1}^\theta)$ $2.5\times10^{-10}(K_{a2}^\theta)$	2.35 9.60
乳酸	$CH_3CHOHCOOH$	1.4×10^{-4}	3.86
苯甲酸	C_6H_5COOH	6.2×10^{-5}	4.21
草酸	$H_2C_2O_4$	$5.9\times10^{-2}(K_{a1}^\theta)$ $6.4\times10^{-5}(K_{a2}^\theta)$	1.22 4.19
d—酒石酸	$CH(OH)COOH$ $CH(OH)COOH$	$9.1\times10^{-4}(K_{a1}^\theta)$ $4.3\times10^{-5}(K_{a2}^\theta)$	3.04 4.37
邻—苯二甲酸		$1.1\times10^{-3}(K_{a1}^\theta>)$ $3.9\times10^{-6}(K_{a2}^\theta)$	2.95 5.41
柠檬酸	CH_2COOH $CH(OH)COOH$ CH_2COOH	$7.4\times10^{-4}(K_{a1}^\theta)$ $1.7\times10^{-5}(K_{a2}^\theta)$ $4.0\times10^{-7}(K_{a3}^\theta)$	3.13 4.76 6.40
苯酚	C_6H_5OH	1.1×10^{-10}	9.95
乙二胺四乙酸	H_6-EDTA^{2+} H_5-EDTA^+ H_4-EDTA H_3-EDTA^- H_2-EDTA^{2-} $H-EDTA^{3-}$	$0.1(K_{a1}^\theta)$ $3\times10^{-2}(K_{a2}^\theta)$ $1\times10^{-2}(K_{a3}^\theta)$ $2.1\times10^{-3}(K_{a4}^\theta)$ $6.9\times10^{-7}(K_{a5}^\theta)$ $5.5\times10^{-11}(K_{a6}^\theta)$	0.9 1.6 2.0 2.67 6.17 10.26
氨水	NH_3	1.8×10^{-5}	4.74
联氨	H_2NNH_2	$3.0\times10^{-6}(K_{b1}^\theta)$ $1.7\times10^{-5}(K_{b2}^\theta)$	5.52 14.12
羟胺	NH_2OH	9.1×10^{-6}	8.04
甲胺	CH_3NH_2	4.2×10^{-4}	3.38
乙胺	$C_2H_5NH_2$	5.6×10^{-4}	3.25
二甲胺	$(CH_3)_2NH$	1.2×10^{-4}	3.93
二乙胺	$(C_2H_5)_2NH$	1.3×10^{-3}	2.89
乙醇胺	$HOCH_2CH_2NH_2$	3.2×10^{-5}	4.50
三乙醇胺	$(HOCH_2CH_2)_3N$	5.8×10^{-7}	6.24
六次甲基四胺	$(CH_2)_6N_4$	1.4×10^{-9}	8.85
乙二胺	$H_2NHC_2CH_2NH_2$	$8.5\times10^{-5}(K_{b1}^\theta)$ $7.1\times10^{-8}(K_{b2}^\theta)$	4.07 7.15
吡啶	C_5H_6N	1.7×10^{-5}	8.77

附录 4　几种常用的酸碱指示剂

酸碱指示剂	变色范围	pKHIn	颜色		用量
			酸色	碱色	(滴/10 mL 试液)
百里酚蓝(麝香草酚蓝)	1.2～2.8	1.65	红	黄	1～2
甲基黄	2.9～4.0	3.3	红	黄	1
甲基橙	3.1～4.4	3.40	红	黄	1
溴酚蓝	3.0～4.6	3.85	黄	蓝紫	1
甲基红	4.4～6.2	4.95	红	黄	1
溴百里酚蓝(溴麝香草酚蓝)	6.2～7.6	7.1	黄	蓝	1
中性红	6.8～8.0	7.4	红	黄	1
酚红	6.7～8.4	7.9	黄	红	1
酚酞	8.0～10.0	9.1	无	红	1～3
百里酚酞(麝香草酚酞)	9.4～10.6	10.0	无	蓝	1～2

附录5 常见离子和化合物的颜色

1. 离子

（1）无色离子

阳离子：H^+、Ag^+、K^+、Na^+、NH_4^+、Cu^+、Mg^{2+}、Sr^{2+}、Ba^{2+}、Zn^{2+}、Cd^{2+}、Hg^+、Hg^{2+}、Sn^{2+}、Sn^{4+}、Al^{3+}

阴离子：SO_3^{2-}、SO_4^{2-}、$S_2O_3^{2-}$、CO_3^{2-}、SiO_3^{2-}、S^{2-}、Cl^-、F^-、Br^-、I^-、NO_3^-、PO_4^{3-}、HPO_4^{2-}、ClO^-、SCN^-、CN^-、OH^-、CH_3COO^-、$C_2O_4^{2-}$

（2）有色离子

离子	颜色	离子	颜色
$[Cu(H_2O)_4]^{2+}$	浅蓝色	$[Co(NH_3)_5(H_2O)]^{3+}$	粉红色
$[Cu(NH_3)_4]^{2+}$	深蓝色	$[Co(NH_3)_4CO_3]^{2+}$	紫红色
$[CuCl_4]^{2+}$	黄色	$[Co(CN)_6]^{3-}$	紫色
$[Cr(H_2O)_6]^{3+}$	紫色	$[Co(SCN)_4]^{2-}$	蓝色
$[Cr(H_2O)_4Cl_2]^+$	暗绿色	$FeCl_6^{3-}$	黄色
$[Cr(NH_3)_3(H_2O)_3]^{3+}$	浅红色	$[Fe(C_2O_4)_3]^{3-}$	黄色
$[Cr(NH_3)_5(H_2O)]^{2+}$	橙黄色	FeF_6^{3-}	无色
$[Cr(H_2O)_6]^{2+}$	蓝色	$[Fe(NCS)_n]^{3-n}$	血红色
$[Cr(H_2O)_5Cl]^{2+}$	浅绿色	$[Fe(H_2O)_6]^{2+}$	浅绿色
$[Cr(NH_3)_2(H_2O)_4]^{3+}$	紫红色	$[Fe(H_2O)_6]^{3+}$	淡紫色
$[Cr(NH_3)_4(H_2O)_2]^{3+}$	橙红色	$[Fe(CN)_6]^{4-}$	黄色
$[Cr(NH_3)_6]^{3+}$	黄色	$[Fe(CN)_6]^{3-}$	浅橘黄色
CrO^{2-}	绿色	I_3^-	浅棕黄色
$Cr_2O_7^{2-}$	橙色	$[Mn(H_2O)_6]^{2+}$	肉色
CrO_4^{2-}	黄色	MnO_4^{2-}	绿色
$[Co(H_2O)_6]^{2+}$	粉红色	MnO_4^-	紫红色
$[Co(NH_3)_6]^{2+}$	黄色	$[Ni(H_2O)_6]^{2+}$	亮绿色
$[Co(NH_3)_6]^{3+}$	橙黄色	$[Ni(NH_3)_6]^{2+}$	蓝色
$[CoCl(NH_3)_5]^{2+}$	红紫色		

2. 化合物
(1)氧化物

氧化物	颜色	氧化物	颜色
Ag_2O	暗棕色	Cr_2O_3	绿色
CuO	黑色	CrO_3	红色
Cu_2O	暗红色	CoO	灰绿色
Co_2O_3	黑色	Ni_2O_3	黑色
FeO	黑色	PbO	黄色
Fe_2O_3	砖红色	Pb_3O_4	红色
Fe_3O_4	黑色	TiO_2	白色或橙红色
Hg_2O	黑褐色	V_2O_3	黑色
HgO	红色或黄色	VO_2	深蓝色
MNO_2	棕褐色	V_2O_5	红棕色
NiO	暗绿色	ZnO	白色

(2)氢氧化物

氢氧化物	颜色	氢氧化物	颜色
$Al(OH)_3$	白色	$Mg(OH)_2$	白色
$Bi(OH)_3$	白色	$Mn(OH)_2$	白色
$Co(OH)_2$	粉红色	$Ni(OH)_2$	浅绿色
$Co(OH)_3$	褐棕色	$Ni(OH)_3$	黑色
$Cr(OH)_3$	灰绿色	$Pb(OH)_2$	白色
$Cd(OH)_2$	白色	$Sb(OH)_3$	白色
$Cu(OH)_2$	浅蓝色	$Sn(OH)_2$	白色
$CuOH$	黄色	$Sn(OH)_4$	白色
$Fe(OH)_2$	白色或苍绿色	$Zn(OH)_2$	白色
$Fe(OH)_3$	红棕色		

(3)氯化物

氯化物	颜色	氯化物	颜色
$AgCl$	白色	$Hg(NH_3)Cl$	白色
Hg_2Cl_2	白色	$CoCl_2$	蓝色
$PbCl_2$	白色	$CoCl_2 \cdot H_2O$	蓝紫色
$CuCl$	白色	$CoCl_2 \cdot 2H_2O$	紫红色
$CuCl_2$	棕色	$CoCl_2 \cdot 6H_2O$	粉红色
$CuCl_2 \cdot 2H_2O$	蓝色	$FeCl_3 \cdot 6H_2O$	黄棕色

(4)溴化物

溴化物	颜色	溴化物	颜色
AgBr	淡黄色	$CuBr_2$	黑紫色
$PbBr_3$	白色		

(5)碘化物

碘化物	颜色	碘化物	颜色
AgI	黄色	CuI	白色
Hg_2I_2	黄褐色	PbI_2	黄色
HgI_2	红色		

(6)卤酸盐

卤酸盐	颜色	卤酸盐	颜色
$Ba(IO_3)_2$	白色	$KClO_4$	白色
$AgIO_3$	白色	$AgBrO_3$	白色

(7)硫化物

硫化物	颜色	硫化物	颜色
Ag_2S	灰黑色	MnS	肉色
Ag_2S_3	黄色	PbS	黑色
CuS	黑色	SnS	灰黑色
Cu_2S	黑色	SnS_2	金黄色
CdS	黄色	Sb_2S_3	橙色
FeS	棕黑色	Sb_2S_5	橙红色
Fe_2S_3	黑色	ZnS	白色
HgS	红色或黑色		

(8)硫酸盐

硫酸盐	颜色	硫酸盐	颜色
Ag_2SO_4	白色	$Cr_2(SO_4)_3 \cdot 18H_2O$	蓝色
$BaSO_4$	白色	$Cu_2(OH)_2SO_4$	浅蓝色
$CaSO_4$	白色	$CuSO_4 \cdot 5H_2O$	蓝色
$CoSO_4 \cdot 7H_2O$	红色	$[Fe(NO)]SO_4$	深棕色
$Cr_2(SO_4)_3 \cdot 6H_2O$	绿色	Hg_2SO_4	白色
$Cr_2(SO_4)_3$	紫色或红色	$PbSO_4$	白色

(9)碳酸盐

碳酸盐	颜色	碳酸盐	颜色
Ag_2CO_3	白色	$FeCO_3$	白色
$BaCO_3$	白色	$MnCO_3$	白色
$CaCO_3$	白色	$Ni_2(OH)_2CO_3$	浅绿色
$Cu_2(OH)_2CO_3$	暗绿色	$Zn_2(OH)_2CO_3$	白色
$CdCO_3$	白色		

(10)磷酸盐

磷酸盐	颜色	磷酸盐	颜色
Ag_3PO_4	黄色	$CaHPO_4$	白色
$Ba_3(PO_4)_2$	白色	$FePO_4$	浅黄色
$Ca_3(PO_4)_2$	白色	$MgNH_4PO_4$	白色

(11)铬酸盐

铬酸盐	颜色	铬酸盐	颜色
Ag_2CrO_4	砖红色	$FeCrO_4 \cdot 2H_2O$	黄色
$BaCrO_4$	黄色	$PbCrO_4$	黄色
$CaCrO_4$	黄色		

(12)硅酸盐

硅酸盐	颜色	硅酸盐	颜色
$BaSiO_3$	白色	$MnSiO_3$	肉色
$CuSiO_3$	蓝色	$NiSiO_3$	翠绿色
$CoSiO_3$	紫色	$ZnSiO_3$	白色
$Fe_2(SiO_3)_3$	棕红色		

(13)草酸盐

草酸盐	颜色	草酸盐	颜色
CaC_2O_4	白色	$FeC_2O_4 \cdot 2H_2O$	黄色
$Ag_2C_2O_4$	白色		

(14)拟卤素

拟卤素	颜色	拟卤素	颜色
AgCN	白色	CuCN	白色
AgSCN	白色	$Cu(SCN)_2$	黑绿色
$Cu(CN)_2$	浅棕黄色	$Ni(CN)_2$	浅绿色

(15)其他含氧酸盐

含氧酸盐	颜色	含氧酸盐	颜色
$Ag_2S_2O_3$	白色	$BaSO_3$	白色

(16)其他化合物

化合物	颜色	化合物	颜色
$Ag_3[Fe(CN)_6]$	橙色	$K_2Na[Co(NO_2)_6]$	黄色
$Ag4[Fe(CN)_6]$	白色	$(NH_4)_2Na[Co(NO_2)_6]$	黄色
$Cu_2[Fe(CN)_6]$	红棕色	$Na_2[Fe(CN)_5NO]\cdot2H_2O$	红色
$CO_2[Fe(CN)_6]$	绿色	$Zn_2[Fe(CN)_6]$	白色
$K_2[PtCl_6]$	黄色	$Zn_3[Fe(CN)_6]_2$	黄褐色
$K_3[Co(NO_2)_6]$	黄色		

参考文献

[1] 赵滨,马林,沈建中,卫景德. 无机化学与化学分析实验[M]. 上海:复旦大学出版社,2008.

[2] 中国科学技术大学无机化学实验课程组. 无机化学实验[M]. 合肥:中国科学技术大学出版社,2012.

[3] 周祖新. 无机化学实验[M]. 上海:上海交通大学出版社,2009.

[4] 郑春生. 基础化学实验——无机及化学分析实验部分[M]. 天津:南开大学出版社,2001.

[5] 包新华,邢彦军,李向清. 无机化学实验[M]. 北京:科学出版社,2013.

[6] 张其颖,王麟生,陈波. 元素化学实验[M]. 上海:华东师范大学出版社,2006.

[7] 大连理工大学无机化学教研室. 无机化学实验[M]. 2版. 北京:高等教育出版社,2004.

[8] 孟长功,辛剑. 基础化学实验[M]. 北京:高等教育出版社,2009.

[9] 南京大学《无机及分析化学实验》编写组. 无机及分析化学实验[M]. 北京:高等教育出版社,2006.

[10] 武汉大学化学与分子科学学院实验中心. 无机及分析化学实验[M]. 2版. 武汉:武汉大学出版社,2001.

[11] 殷学峰. 新编大学化学实验[M]. 北京:高等教育出版社,2002.

[12] 徐琰. 无机化学实验[M]. 郑州:郑州大学出版社,2006.

[13] 北京师范大学无机化学教研室,等. 无机化学实验[M]. 3版. 北京:高等教育出版社,2004.

[14] 北京大学化学系分析化学教研室. 基础分析化学实验[M]. 2版. 北京:北京大学出版社,1998.

[15] 北京师范大学,等. 化学基础实验[M]. 2版. 北京:高等教育出版社,2013.

[16] 董顺福,等. 大学化学实验[M]. 北京:高等教育出版社,2012.

[17] 何巧红,等. 大学化学实验[M]. 北京:高等教育出版社,2012.

[18] 孙尔康,等. 无机及分析化学实验[M]. 南京:南京大学出版社,2010.

[19] 周锦兰,张开诚. 实验化学[M]. 武汉:华中科技大学出版社,2005.

[20] 天津大学无机化学教研室. 大学化学实验[M]. 天津:天津大学出版社,2003.

[21] 东华大学基础化学实验中心. 基础化学实验[M]. 2版. 上海:东华大学出版社,2009.

[22] Jannik Bjerrum, James P. McReynolds, Alfred L. Oppegard, R. W. Parry. Hexamminecobalt(Ⅲ) Salts. Inorg. Synth. 1946, 2:216—221.

[23] J. A. Baur, C. E. Bricker. Hexamminecobalt(Ⅲ) Tricarbonatocobaltate(Ⅲ)—A New Analytical Titrant. Anal. Chem.. 1965, 37 (12):1461—146

[24] Sochlessinger G. 无机合成. 9:P130.

[25] Blanchard A. A. 无机合成. 2:188.

[26] 林陪良,等. 无机化学实验解说 [M]. 辽宁:东北师范大学出版社.

[27] 中山大学,等. 无机化学实验 [M]. 2版. 北京:高等教育出版社.

[28] [莫] G. 帕司, H. 萨利夫. 无机化学实验-制备反应和仪器方法 [M]. 1980:76.

[29] 王伯康,钱文浙,等. 中级无机化学实验 [M]. 北京:高等教育出版社, 1984:119, 126.

[30] 申伴文,等. 配位化学简明教程 [M]. 天津:天津科学技术出版社, 1990:201.

安全承诺书

为了保障学生个人和实验室的安全，学生进入实验室之前，须仔细阅读并签订《学生实验安全承诺》：

1. 做实验前，根据所做实验的安全要求做必要的准备和充分的预习，在得到教师允许的情况下进入实验室，开始实验；

2. 进入实验室要穿实验服、戴护目镜，不穿短裤、裙子、高跟鞋、拖鞋、凉鞋等进入实验室；女生若头发长，需扎起来，不可长发披肩做实验。

3. 在实验室内不吸烟、不饮食、不接听手机、不大声喧哗及追逐打闹，不随意离开实验室；

4. 实验时思想集中，按照实验步骤认真操作，认真记录实验现象，未经允许，不随意改动实验操作前后次序；

5. 严格按照要求取用各种化学试剂，不浪费化学试剂，按规定回收或将废弃物倒入指定容器，不得将实验室内物品带出实验室；

6. 严格遵从指导老师对危险化学品的使用操作要求，未经许可，不随意更改；

7. 爱护实验仪器设备，严格按照使用说明操作仪器；除指定使用的仪器外，不随意乱动其他设备，实验用品不挪作他用；

8. 实验结束后，清洗所使用的仪器，清理桌面，打扫卫生，关闭水、电、煤气的总阀门以及门窗，经指导教师检查认可后，再离开实验室。

学生姓名		学号	
所在学院		班级	
课程名称			
实验时间	_____至_____学年　第_____学期　星期_____上午/下午		

本人已认真阅读了以上条款，并承诺履行。若因违背上述承诺造成意外人身伤害事故，后果本人自负。

学生签名：

时间：　　　年　　月　　日

无机化学实验仪器清单

序号	名称	规格	数量	序号	名称	规格	数量
1	烧杯	400mL	1	14	试管架		1
2	烧杯	250mL	2	15	试管夹		1
3	烧杯	100mL	1	16	试管		25
4	烧杯	50mL	1	17	温度计	100 ℃	1
5	量筒	50mL	1	18	洗瓶		1
6	量筒	10mL	1	19	洗耳球		1
7	容量瓶	250mL	1	20	石棉网		1
8	表面皿	90mm	1	21	玻璃漏斗		1
9	表面皿	45mm	1	22	蒸发皿		1
10	塑料滴管	3mL	1	23	玻璃棒		1
11	点滴板	12 孔	1	24	漏斗架		1
12	刻度离心管	5mL	1	25	药勺		1
13	无刻度离心管		4				

姓名：_____ 学号：_____ 实验室：_____ 橱号：_____

姓　　名：＿＿＿＿＿＿＿＿　　　　　学　　号：＿＿＿＿＿＿＿＿
实验日期：＿＿＿＿＿＿＿＿　　　　　指导教师：＿＿＿＿＿＿＿＿

硫酸铜的提纯

一、实验目的

二、实验原理

三、实验步骤

四、数据处理

五、实验结果与讨论

六、思考题

1. 在调节溶液 pH 值时要注意哪些方面?

2. 怎样正确使用煤气灯?

3. "侵入火焰"是怎样发生的？如何避免和处理?

4. 粗硫酸铜中杂质 Fe^{2+} 为什么要氧化为 Fe^{3+} 后再除去？而除去 Fe^{3+} 时，为什么要调节溶液的 pH 值为 4 左右？pH 值太大或太小有什么影响?

5. 精制后的硫酸铜溶液为什么要滴几滴 $1\ mol \cdot L^{-1} H_2SO_4$ 酸化，然后再加热蒸发?

6. $CuSO_4$ 溶液浓缩时为什么不能蒸干?

姓　　名：_____　　　　学　　号：_____
实验日期：_____　　　　指导教师：_____

化学反应摩尔焓变的测定

一、实验目的

二、实验原理

三、实验步骤

四、数据处理

五、实验结果与讨论

六、思考题

1. 为什么实验中锌粉用台秤称量，而 $CuSO_4 \cdot 5H_2O$ 要在分析天平上称取？

2. 如何配置 250 mL 0.2000 mol·L^{-1} $CuSO_4$ 溶液？

3. 所用的量热计是否允许残留的水滴？为什么？

4. 分析实验中造成误差的原因。

5. 量热计是否事先要用硫酸铜溶液洗涤几次？为什么？移液管又如何处理？

姓　　名：_____　　　　　学　　号：_____

实验日期：_____　　　　　指导教师：_____

醋酸标准电离常数和食醋中醋酸含量的测定

一、实验目的

二、实验原理

三、实验步骤

四、数据处理

烧杯编号	HAc 的体积（mL）	水的体积（mL）	HAc 的浓度 c（mol·L^{-1}）	pH	$c_{(H^+)}$	α	K_a^θ
1	3.00	45.00					
2	6.00	42.00					
3	12.00	36.00					
4	24.00	24.00					
5	48.00	0.00					
6	稀释后的醋酸未知液						

1. 计算 K_a^θ 值，并计算 $K_{a(\Psi)}^\theta$；求相对误差，并分析误差产生的原因。（文献值：$K_{a(HAC)}^\theta = 1.76 \times 10^{-5}$）

2. 计算不同浓度醋酸的电离度 α，可得出什么结论？

3. 根据溶液 pH 值，计算白醋中醋酸的浓度。

五、实验结果与讨论

六、思考题

1. 改变被测 HAc 溶液的浓度或温度，则电离度和电离常数有无变化？若有变化，应怎样变化？

2. 配制不同浓度的 HAc 溶液时，玻璃器皿是否要干燥，为什么？

3. "电离度越大，酸度就越大"，这句话是否正确？根据本实验结果加以说明。

4. 若 HAc 溶液的浓度极稀，是否能应用近似公式 $K^\theta_{a(\text{HAC})} \approx c^2_{(\text{H}^+)}/c_{(\text{HAC})}$ 求电离常数？为什么？

5. 测定不同浓度 HAc 溶液的 pH 值时，测定顺序应由稀→浓，为什么？

姓　　名：_____　　　　学　　号：_____
实验日期：_____　　　　指导教师：_____

硫酸亚铁铵的制备

一、实验目的

二、实验原理

三、实验步骤

四、数据处理

五、实验结果与讨论

六、思考题

1. 本实验中硫酸亚铁铵的理论产量应如何进行计算？试列出计算式。

2. 在制备硫酸亚铁铵晶体时为什么溶液必须呈酸性？在实验中应怎样调节使溶液的 pH 值为 1～2。

3. 在硫酸亚铁的制备过程中，为什么要控制溶液的 pH 值不大于 1？

4. 在抽滤时，应注意哪些事项，步骤有哪些？

5. 根据下表应怎样配制硫酸铵的饱和溶液？

复盐与硫酸亚铁、硫酸铵在不同温度下的溶解度（g/100g H_2O）

温度 T/K	273	283	293	303	313	323	333
$FeSO_4 \cdot 7H_2O$	15.6	20.5	26.5	32.9	40.2	48.6	—
$(NH_4)_2SO_4$	70.6	73.0	75.4	78.0	81.6	—	88.0
$(NH_4)_2SO_4 \cdot FeSO_4 \cdot 6H_2O$	12.5	17.2	—	—	33.	40.0	—

草酸亚铁的制备及定性分析

一、实验目的

二、实验原理

三、实验步骤

四、数据处理

五、实验结果与讨论

六、思考题

1. 金属铁经非氧化性酸溶解，一般可得亚铁盐的溶液，常用什么酸？

2. 在实验过程中，怎样防止 Fe^{2+} 被氧化成 Fe^{3+}？

3. 将 Fe^{3+} 还原为 Fe^{2+} 时，用什么作还原剂？过量的还原剂怎样除去？还原反应完成的标志是什么？

姓　　名：_____　　　　学　　号：_____

实验日期：_____　　　　指导教师：_____

三草酸合铁(Ⅲ)酸钾的制备(一)

一、实验目的

二、实验原理

三、实验步骤

四、数据处理

五、实验结果与讨论

六、思考题

1. 在 $FeC_2O_4 \cdot 2H_2O$ 与 H_2O_2 反应时，为什么温度必须控制在 40 ℃左右？

2. 本实验中除采用 $FeC_2O_4 \cdot 2H_2O$ 外，还可采用何种物质为原料？

三草酸合铁（Ⅲ）酸钾的制备（二）

一、实验目的

二、实验原理

三、实验步骤

四、数据处理

五、实验结果与讨论

六、思考题

1. 本实验中除采用 $FeSO_4 \cdot 7H_2O$ 外,还可采用何种物质作原料?

2. 在 $FeSO_4 \cdot 7H_2O$ 溶液中加入 H_2SO_4 酸化的目的是什么?酸性太强会产生什么影响?

3. 在 $FeC_2O_4 \cdot 2H_2O$ 与 H_2O_2 反应时,为什么温度必须控制在 40℃左右?

姓　　名：＿＿＿＿＿＿＿　　　　学　　号：＿＿＿＿＿＿＿

实验日期：＿＿＿＿＿＿＿　　　　指导教师：＿＿＿＿＿＿＿

电解质在水溶液中的电离平衡

一、实验目的

二、实验内容

（一）弱电解质溶液的电离或离解平衡及其移动

实验步骤	实验现象	实验原理
1.		
2.		
3.		
4.		
5.		

（二）难溶电解质的多相离子平衡

实验步骤	实验现象	实验原理
1.（1）		
1.（2）		
2.（1）		
2.（2）		
3.（1）		
3.（2）		
4.（1）		
4.（2）		

（三）氧化还原反应

实验步骤	实验现象	实验原理
1.（1）		
1.（2）		
2.（1）		
2.（2）		

（四）配位化合物

实验步骤	实验现象	实验原理
1.（1）		
1.（2）		
2.（1）		
2.（2）		
3.		
4.（1）		

4. (2)		
5.		
6.		
7. (a)		
7. (b)		
7. (c)		
7. (d)		
7. (e)		
7. (f)		
7. (g)		
8.		

五、思考题

1. 沉淀生成的条件是什么？将 $0.01\ mol \cdot L^{-1}\ Pb(Ac)_2$ 溶液和 $0.02\ mol \cdot L^{-1}\ KI$ 以等体积混合，根据溶度积规则，判断能否产生沉淀？

2. 什么叫做分步沉淀？怎样根据规则判断本实验中沉淀先后的次序？

3. 在 Ag_2CrO_4 沉淀中加入 $NaCl$ 溶液，将会产生什么现象？

4. 在 $Mg(OH)_2$ 沉淀中加入 NH_4Cl；在 ZnS 沉淀中加入稀 HCl，沉淀是否会溶解？为什么？

5. 怎样根据实验的结果推断铜氨配位离子的生成、组成和离解？

6. 配位化合物和复盐有何区别？如何证明？

7. $AgCl$、$Cu_2(OH)_2SO_4$ 都能溶于过量氨水，PbI_2 和 HgI_2 都能溶于过量 KI 溶液中，为什么？它们各生成什么物质？